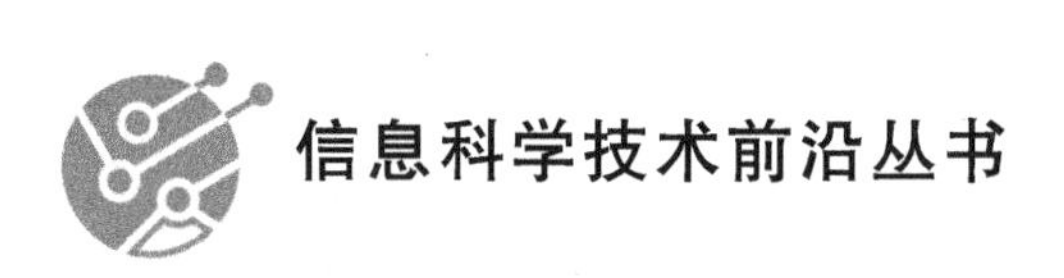

内部威胁分析与防御技术

李小勇　李灵慧　刘川意　编著

北京邮电大学出版社
www.buptpress.com

内容简介

本书主要对内部威胁的基本情况、发展现状、典型案例、研究前沿进行了介绍与论述。第1章介绍了内部威胁的相关概念，包括内部威胁的定义、影响、特征等相关知识，并对当前该领域面临的问题进行了概述。第2章介绍了内部威胁风险分析中应当注意的因素与要点，并详细说明了几种常见的内部威胁风险分析模型。第3章介绍了数据泄露的分类，并详细介绍了访问控制、数据防泄露，以及UEBA数据泄露解决方案。第4章介绍了内部入侵的发展现状、内部入侵检测系统、内部入侵检测系统技术以及内部入侵检测技术发展趋势等。第5章介绍了云计算场景的内部威胁特征和相应的防御方案。第6章介绍了物联网内部威胁的特性、数据集和检测方法。第7章介绍了目前研究环境下可用数据集的相关知识，以及对数据集的生成和处理方案。第8章对多个内部威胁真实案例进行剖析，介绍了其攻击流程和危害，并提出了对应的解决方案供网络安全工作者参考。第9章从学术角度介绍了当前内部威胁研究中面临的相关挑战，列举了目前具有潜力的研究方向和研究技术。

本书适用于想要了解内部威胁及内部威胁防御的网络安全研究人员、企业网络安全技术人员或白帽黑客。

图书在版编目(CIP)数据

内部威胁分析与防御技术 / 李小勇，李灵慧，刘川意编著. -- 北京 ：北京邮电大学出版社，2023.8
ISBN 978-7-5635-7016-4

Ⅰ. ①内… Ⅱ. ①李… ②李… ③刘… Ⅲ. ①计算机网络－安全技术 Ⅳ. ①TP393.08

中国国家版本馆CIP数据核字(2023)第161831号

策划编辑： 马晓仟　**责任编辑：** 马晓仟　陶　恒　**责任校对：** 张会良　**封面设计：** 七星博纳

出版发行： 北京邮电大学出版社
社　　址： 北京市海淀区西土城路10号
邮政编码： 100876
发 行 部： 电话：010-62282185　传真：010-62283578
E-mail： publish@bupt.edu.cn
经　　销： 各地新华书店
印　　刷： 北京虎彩文化传播有限公司
开　　本： 787 mm×1 092 mm　1/16
印　　张： 11
字　　数： 253千字
版　　次： 2023年8月第1版
印　　次： 2023年8月第1次印刷

ISBN 978-7-5635-7016-4　　定　价：45.00元

·如有印装质量问题，请与北京邮电大学出版社发行部联系·

前　言

数据安全不仅是网络安全的基础，也是国家安全的重要组成部分。2021年，《中华人民共和国数据安全法》规定，机构组织应建立健全全流程数据安全管理制度。随着数字经济和新技术，如云计算、大数据、区块链的发展，数据安全成为经济社会平稳健康可持续发展的重要基石与保障。当前，最大的数据安全威胁来自能够接触敏感数据的内部人员，其发起的内部威胁行为影响恶劣且难以检测。特别是在外包和互联网服务的崛起以及远程办公的普及下，内部人员范围扩大，数据使用环节复杂，人员权限控制不足，使得数据更易受到内部威胁攻击。

目前国内在内部威胁领域，研究整体起步较晚，相关法律法规也并未特别重视并加以完善。业内对这一威胁的认知度普遍不足，缺乏对应的防范技术。针对这一情况，本书结合国内外大量文献、报告，对内部威胁这一领域的基本情况、发展现状、典型案例、研究前沿进行了介绍与论述。本书的结构安排如下。

第1章，内部威胁概述：介绍了内部威胁的相关概念，包括内部威胁的攻击人员、影响、特征等相关知识，并对当前该领域面临的问题进行了概述。

第2章，内部威胁风险分析：介绍了内部威胁风险分析中应当注意的因素与要点，在章节的末尾举例详细说明了几种常见的内部威胁风险分析模型。

第3章，数据泄露：介绍了数据泄露的常见类型和特征、数据泄露原因、数据泄露途径，并介绍了访问控制、数据防泄露，以及UEBA数据泄露解决方案。

第4章，内部入侵：介绍了内部入侵的发展现状、内部入侵检测系统、内部入侵检测系统技术，以及内部入侵检测技术发展趋势。

第5章，云计算内部威胁：分析了云计算场景下内部威胁的特征，介绍了针对云计算场景的内部威胁防御方案。

第6章，物联网内部威胁：介绍了物联网内部威胁的特征，以及物联网内部威胁数据集和检测方法。

第7章，内部威胁数据：介绍了目前研究环境下可用数据集的相关知识，以及对数据集的生成和处理方案。

第8章，内部威胁典型案例：以案例分析的形式对多个内部威胁真实案例进行剖析，介绍了其攻击流程和危害，并提出了对应的解决方案供安全工作者进行参考。

第9章，总结与展望：从学术角度介绍了目前内部威胁研究中面临的相关挑战，列举了具有潜力的研究方向和研究技术。

通过本书介绍的内容，读者可以了解内部威胁领域的基本知识，获取内部威胁领域的前沿研究信息。对计算机、信息安全、管理领域的科研人员与工程技术人员，本书在内部威胁检测和防御方面，可以提供一定的参考。

本书由北京邮电大学李小勇、李灵慧和哈尔滨工业大学（深圳）刘川意合作编著，邓以豪、李曦明、谭韵、司啸天、侯子晗、邓凯洋、高露露、王月洋、张志鹏、路明昊、蒋哲等参与了本书部分章节的资料收集等工作。

希望本书的出版能够给读者提供借鉴与参考，促进国内内部威胁领域的研究与发展，为我国信息安全领域做出积极的贡献。由于作者水平有限，书中难免会有不足之处，希望读者批评与指正，在此致以由衷的感谢。

作　者

目　录

第1章 内部威胁概述

数据安全是网络空间安全的基础，是国家安全的重要组成部分。2021年，国家出台的《中华人民共和国数据安全法》中明确机构组织要建立健全全流程数据安全管理制度，采取相应的技术措施和其他必要措施，保障数据安全。随着数字经济的不断发展，以及云计算、大数据、区块链等新技术的不断应用与发展，数据已成为数字经济发展过程中最具价值的生产要素，数据安全则成为经济社会平稳健康可持续发展的重要基石与保障。

现阶段最具破坏力的数据安全威胁源自可访问敏感数据和系统的内部人员，由内部人员发起的内部威胁导致的数据泄露、系统破坏、电子欺诈等数据安全问题在当今非常普遍，且难以检测。尤其是随着外包行业与互联网服务的兴起，以及远程办公应用需求的出现，内部人员的范围不断扩大，涵盖了组织雇员、承包商、顾问、临时助手以及来自第三方的业务伙伴、服务提供商等[1]，导致数据使用环节流动性大、涉及应用场景复杂、人员权限控制不完善，使得数据在整个生命周期中更容易遭受内部威胁攻击。

内部威胁是数据安全面临的最大风险之一。2013年6月，美国中央情报局前职员爱德华·斯诺登(Edward Snowden)向媒体递交了两份绝密材料，披露了美国国家安全局一项代号为“棱镜”的秘密监听项目。材料揭示美国国家安全局从2007年开始，通过“棱镜计划”(PRISM)与各大电信、网络巨头合作，获得了大量美国境外客户和美国公民的电子邮件、即时通信、视频、照片、文件传输、社交网络等多方面的大量数据[2]。“棱镜门”事件在全世界引起了轩然大波。这一内部雇员通过职务便利窃取大量机密文件的事件，引起了各个国家对内部威胁的关注。另外，这也使得各个国家都加大了对内部威胁的重视。例如，自2019年起，美国国防部联合其他联邦机构发起为期一个月的“国家内部威胁意识月”主题活动，该项活动能够帮助美国政府机构和各行业组织了解内部威胁及其带来的危害，教育各组织机构如何发现并向有关部门报告潜在的数据安全问题。

内部威胁是许多公司以及政府部门面临的一个主要问题。无论组织的规模大小如何，内部威胁的问题始终存在。内部威胁指的是拥有特权的系统内部人员对组织系统的信息完整性、机密性、可用性造成影响，最终造成组织经济损失、业务运行异常、声誉受损，严重时甚至对社会和国家安全造成威胁[3]。由于恶意内部人员已经拥有访问内部信息系统的权限，因此与难以隐藏的外部攻击相比，来自内部人员的攻击很难被检测到。

Securonix的报告[4]针对8个行业领域300多起已经确定的内部威胁事件进行了分析，分析结果显示数据窃取为攻击者最为常见的攻击行为，其次包括特权账户滥用、数据嗅探、基础设施破坏、账户分享等行为。数据泄露的主要方式为通过电子邮件泄露，但随着云应用的持续增加,云上传的方式对数据安全的威胁正在不断增大。在大中型企业中,由于规章漏洞和员工的随意性,违反 IT 控制的行为也在严重地威胁着企业的安全。相比于外部威胁,内部威胁发生在安全边界之内,绕过了大量的防护措施,在攻击实施更加隐蔽的同时,往往容易造成更大的破坏。Gurucul 公司发布的 2020 年内部威胁报告[5]指出,68%的组织感觉到其极容易受到内部威胁的攻击,大多数人(52%)感到内部攻击比外部的网络攻击更难检测和预防,区分合法操作和恶意攻击十分具有挑战性;在过去的 12 个月中,有 70%的人经历过一次或多次内部攻击,在这些攻击中,50%的事件一次性造成了超过 100 000 美元的损失。

内部人员泄密的危害程度远超黑客攻击和病毒造成的损失。例如,美国联邦调查局(Federal Bureau of Investigation, FBI)和美国犯罪现场调查小组(Crime Scene Investigation, CSI)等机构联合对 484 家公司进行的网络安全调查结果显示,超过 85%的网络安全威胁来自组织内部;在损失金额上,由内部人员泄密所造成的损失是黑客造成损失的 16 倍,是病毒造成损失的 12 倍。DTEX Systems 发布的《2022 内部威胁报告》指出,2021 年内部威胁事件数量相比 2020 年增加 72%。Ponemon 研究所发布的《2022 全球内部威胁成本报告》指出,2021 年全球范围内约有 60%的公司遭遇了至少 20 起内部攻击;内部威胁可导致大型企业平均年损失高达 1 792 万美元,内部威胁涉及个人、企业敏感数据等信息。IBM 2022 年的报告显示,各行业为应对内部威胁所需花费的开销是巨额的,应对一个内部威胁事件的平均成本高达 1 450 万美元。内部威胁导致组织经济损失、业务运行异常、声誉受损,严重时甚至对社会和国家安全造成威胁,已成为组织机构和国家面临的主要且日益严重的威胁。

目前已经有许多组织机构和研究人员对“内部人员”和“内部威胁”进行了定义和区分,“内部人员”通常指对个人的静态描述,一般使用访问、知识、信任或安全策略等术语进行定义,而“内部威胁”指个人相应的行为,如滥用内部人员拥有的访问或者知识或违反安全策略等。需要注意的是,恶意内部类型和无意内部类型之间的区别只对内部威胁的定义有意义。大多数现有的内部威胁定义都隐含地假设了这种威胁的意图。但是,也有一些现有的定义并没有区分恶意的内部人员和无意的内部人员。下面我们将分别介绍目前在研究过程中对内部人员和内部威胁的定义。

1.1 内部人员的定义和分类

Gurucul 公司 2020 年发布的内部威胁报告[5]显示,当威胁来自组织机构内部,来自受信任与授权用户时,保护组织机构免遭网络威胁将变得更具有挑战性,技术人员试图确认用户是在正常完成工作,还是在进行恶意或疏忽性的错误操作将变得非常困难。图 1-1 展示了可能对组织机构构成安全风险的内部人员类型,其中拥有特权的 IT 用户管理员(63%)对组织机构构成内部威胁的风险最大。

目前,关于内部人员的定义并没有统一的标准。Pfleeger 等[6]将内部人员定义为“能够合法访问一个组织的计算机和网络的人”。兰德公司(RAND Corp.)在关于内部威胁的报告[7]中将内部人员定义为“一个已经被信任、能够访问敏感信息和信息系统(Information System, IS)的人”。Althebyan 和 Panda[8]认为内部人员是“一个知道组织的 IS 结构、被授权访问,并且了解组织的 IS 底层网络拓扑的人”。Greitzer 和 Frincke[9]将内部人员定义为“目前或曾经被授权访问某个组织的信息系统、数据或网络的个人”。Chinchani 等[10]将内部人员定义为“滥用特权的合法用户”,由于这些用户熟悉并能够接近计算环境,很容易造成重大损害或损失。针对数据库安全,Garfinkel 等[11]将内部人员定义为“对机密领域信息具有个人知识的数据库主体”。Sinclair 和 Smith[12]将内部人员定义为“任何有合法特权访问内部数字资源的人”,他们可以使用一种任何公众成员都不能使用的方式查看或更改组织的计算机设置、数据或程序。达格斯图尔反内部威胁研讨会[13]基于信任将内部人员定义为“一个被合法授权访问、代表或决定组织结构中的一项或多项资产的人。”Bishop[14]定义了包含指定规则集的安全策略的内部定义,并且将内部人员定义为“一个受信任的实体,它被赋予权力违反给定安全策略中的一条或多条规则”。之后,Bishop 等[15]又提出了一种非二元方法,使用访问控制规则来指示“内部人员的程度”,他们将内部人员定义为“访问一些定义好的数据或资源的人员”。根据 Predd 等[16]的说法,内部人员是“能够合法访问一个组织的计算机和网络的人”。这里需要注意,作者故意没有定义“合法”一词的含义,因此他们没有将内部人员与外部人员分开;相反,他们认为“合法访问和系统边界不仅是系统特定特征的功能,也是给定组织的政策和价值观的功能”。因此,内部人员也可能由外部实体代表,如承包商、前雇员、业务伙伴等。

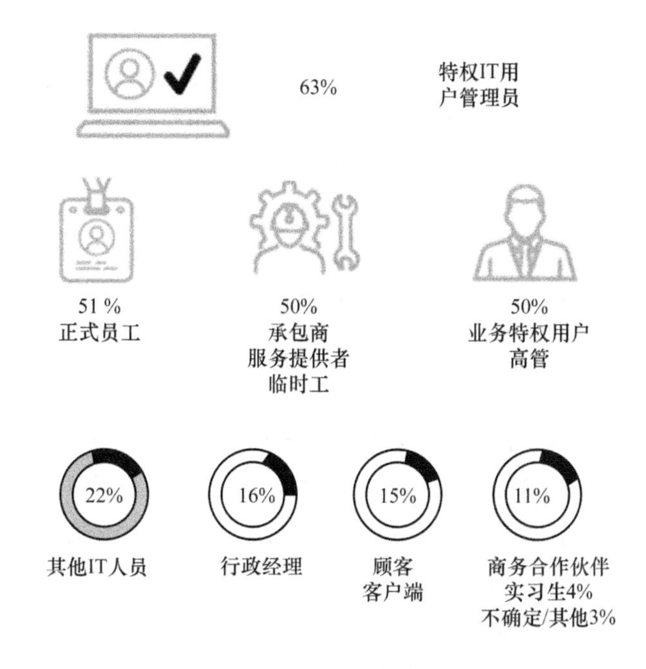

图 1-1 对组织机构构成安全风险的内部人员类型[5]

根据内部人员的定义,研究者对内部人员进行了分类。Cole 和 Ring[17]将内部人员分为四类。①纯粹的内部人员，包括只执行其工作所需特权（诸如门钥匙、门禁卡、访问指定的网络服务列表等）的固定雇员。一个特例是拥有特权的“高级纯粹内部人员”。②内部合伙人（又称外部的内部人），包括第三方人员，如承包商和提供商，以及内部雇员、有权进入组织内部各个隔间的人员，如保安、军人和清洁工等[18]。内部合伙人的有限授权访问通常是对部门/设施的物理访问，而不是对组织的IT基础设施的访问。内部员工，比如清洁工，可以接触到其他员工的工作空间，因此他们可能会在员工的办公桌或垃圾桶里发现隐私敏感信息。此外，他们可能会设置键盘记录器，以嗅探员工使用键盘输入的凭证或其他敏感信息。③内部附属。④外部附属。内部附属和外部附属是指没有任何正当和合法的理由进入一个组织的人。内部附属涉及员工的家庭成员、朋友或客户。他们无法访问组织的设施，但可以窃取和误用员工的访问卡或者凭证，以获得这种访问权，进一步地实施恶意行为。外部附属包括一个组织外部的不受信任的人，这些人可以通过内部访问组织的网络，例如使用无保护的无线网络（Wireless Fidelity，WiFi）、绕过弱保护的WiFi，或社会工程授权员工的凭证（例如，钓鱼攻击）。

1.2 内部威胁的定义和分类

1. 内部威胁的定义

内部威胁的定义主要依托于内部人员，与内部人员定义一样，内部威胁的定义目前也没有统一标准。Pfleeger等[19]将内部威胁定义为“内部人员以破坏性或不受欢迎的方式将组织的数据、流程或资源置于危险之中的行为”。Greitzer和Frincke[9]认为内部威胁指的是“受信任的内部人员可能实施的有害行为”，例如，对组织造成伤害的事情，或对个人有利的未经授权的行为。Theoharidou等[20]认为内部威胁是指“被授予IS访问权的人滥用他们的特权，从而违反该组织的IS安全政策而产生威胁的行为”。Schultz和Shumway[21]将内部威胁定义为“被授权访问组织内部系统和网络的用户故意误用计算机系统”。Bishop[14]将内部威胁定义为“一个受信任的实体滥用给定的权力，违反给定安全策略中的一条或多条规则”时发生的事件。Predd等[16]认为内部威胁是“将组织或其资源置于风险中的内部行为”。

2. 内部威胁的分类

根据内部威胁产生的意图可以将内部威胁分为无意内部威胁和恶意内部威胁。根据Collins等[22]的定义，无意内部威胁指：①有权访问组织的网络、系统或数据；②他/她的没有恶意企图的行动（或不作为）造成伤害或未来对组织信息或者IS的保密性、完整性或可用性造成伤害的概率大大增加。Liu等[23]认为无意内部威胁可以定义为“粗心、自满或未经训练的人需要授权和访问信息系统以完成他们的工作”。Raskin等[24]引入了“无意识推理”的概念，检测了内部人员在公开文本中没有明确表示的内容，因此他/她可能会无意中泄露一些私人信息。

目前关于无意内部威胁分类的研究有很多。根据美国特勤局与卡内基梅隆大学

(Carnegie Mellon University，CMU)联合创建的计算机安全应急响应组(Computer Emergency Response Team Coordination Center，CERT)对内部威胁的分类方式，Greitzer等[25]定义了四种无意内部威胁(源自 Privacy Rights Clearinghouse)。①恶意代码：使用了攻击者故意编制或设置的、对网络或系统会产生威胁或潜在威胁的计算机代码，通常由敏感信息社会工程〔例如，植入 USB(Universal Serial Bus，通用串行总线)驱动器，钓鱼攻击〕与恶意软件或间谍软件相结合。②披露：将敏感信息在网上公开发布或通过传真、邮件或电子邮件发送给未获得授权的接收者。③不当/意外处理物理记录：遗失、丢弃或被盗的非电子记录，如纸质文件。④不再使用的便携式设备：丢失、丢弃，或被盗的数据存储设备，如笔记本计算机、平板计算机(Portable Android Device，PDA)、智能手机、便携式存储设备、光盘(Computer Disc，CD)、硬盘驱动器或数据磁带。

根据发起内部威胁的内部人员的动机，Wall[26]将无意内部威胁分为善意的和疏忽的，然后提出了四种可能导致数据泄露的风险人员类型：①底层工作者(不用遵守安全策略的人)；②野心过高的人(为了更有效而有意绕过安全措施的人)；③社会工程型员工；④数据泄露者。该研究概述了数据可能泄露的各种方式，比如意外丢失 U 盘(USB 闪存盘，USB Flash Disk)，为使用方便将数据复制至家庭计算机，以及丢弃计算机硬盘上的数据，与第三方共享数据，通过公开邮递泄露数据等方式。

以上内容阐述了无意内部威胁的类型，下面介绍恶意内部威胁的相关内容。Anderson[27]是最早提出计算机系统内部滥用的分类的研究人员之一，他根据审计追踪中发现非法内部用户的难度，将其分为三种类型：①伪装者，可以绕过安全控制和渗透到计算机系统的外部攻击者，或利用另一个用户的凭据以执行一些恶意行动的内部用户；②不法分子，不伪装而是滥用自己的特权以滥用系统的内部用户；③秘密用户，指超级用户，这些用户管理并且完全了解安全控制，使得他们很难被发现。这里需要注意，计算机系统的内部误用也可能导致一些适得其反的工作行为活动，这些行为不在任何内部威胁定义的范围内。因此，研究者认为内部人员滥用计算机系统是恶意内部威胁的超集。

Bellovin[28]提出了三种类型的内部攻击：①滥用访问权限，这是最难检测的事件类型，因为内部人员将合法的访问权限用于不正当的目的；②绕过防御，内部人员已经通过了一些防线(如防火墙)，也可以绕过其他防线；③代表技术问题的访问控制故障，即访问控制元素中存在漏洞或此类元素配置错误。

基于内部威胁对组织造成的各种潜在后果和危害，Cole 和 Ring[17]将内部威胁分为三级。第一级：自我激励的内部人员，不受任何第三方的激励；他们会出于一些个人原因，如报复、纠正组织行为的需要(如告密者)或自满情绪等因素，决定自己采取行动。第二级：被招募的内部人员，指那些被第三方说服并雇佣的，而不是独立决定进行恶意行为的人。通常情况下，这些内部人员由于财务问题或其他可能被第三方利用的个人弱点而被成功招募。由于招募内部人员这种情况对内部人员和招聘人员都是有风险的，所以恶意第三方的首选方式是将他们自己的内部人员(例如间谍)植入受害目标公司。第三级：植入被恶意组织培训的内部人员，恶意组织找到适合内部工作的人对他们进行培训，然后让他们受雇于目标受害者的公司，并且让他们有时间赢得公司内部的信任，最终利用内部人员进行数据泄露/间谍活动。

根据 Cole 和 Ring 的研究[17]，有许多因素可能导致内部人员“转向阴暗面”，但以下三个主要动机会反复出现。①财务，当组织招募人员进行内部攻击时，他们的目标可能是有财务困难的人或想赚取一些额外钱财的人，这是一个自我激励的内部人员的动机。②政治：一些有强烈政治观点的员工，如果他们与雇主有本质上不同的观点和行动，那么这些员工就有动机在机会到来时对雇主造成伤害，或者开始与组织外的恶意实体合作。③对于个人而言，第三个动机可能以以下两种方式之一出现：招聘人员深入了解受害者的过往经历，试图找到受害者最深处的秘密，并且利用它们来威胁受害者（例如，勒索）；如果受害者没有秘密可以被招聘人员利用，那么招聘人员会试图安排一个陷阱场景并且创建一个新的秘密（例如，使用一个有吸引力的诱饵）以招聘受害者。

根据 CERT 内部分析，Cappelli 等[29]提出将恶意内部威胁分为三种类型。第一种，信息技术（Information Technology，IT）破坏，即内部人员使用 IT 对组织或个人进行具体伤害。这些内部人员通常是心怀不满的员工，他们有相应的技术背景并且拥有访问组织内部的行政特权。例如，恶意的内部员工在组织机构的 IS 中安装一个逻辑炸弹，该炸弹在雇员被解雇后被激活。第二种，盗窃知识产权，这种类型的恶意内部威胁一般情况下涉及间谍活动，从事该活动的通常是技术人员（如工程师和开发人员）以及非技术人员（如职员和销售人员）。恶意内部人员可能窃取他们的日常访问信息，并在离开组织时将其带走。例如，将知识产权用于自己的业务，并将其带给新雇主，或将其转移到另一个组织。第三种，内部欺诈，即内部人员未经授权使用 IT 对组织的数据进行修改、添加或删除，以获取个人利益或进行盗窃的欺诈行为。内部欺诈通常是由具有非技术背景的低级员工实施的，比如人力资源或服务台员工，其动机通常是贪婪或经济困难，这种类型的犯罪通常是长期发展的。此外，招募外部实体作为欺诈者也是很常见的一种欺诈类型。

1.3 内部威胁的特征

通常来讲，内部威胁主要具有以下几个特征[30]。

(1) 高危性

对于企业组织的网络系统，来自外部的网络攻击数量通常大于来自内部的网络攻击数量，但是这些来自内部的攻击却往往造成更大的破坏[31]。由于外部威胁是黑盒攻击，因此不一定会产生严重影响。由于内部威胁的攻击者是组织内部人员，相当于整个网络的配置都暴露在攻击者面前，比如网络的配置弱点、核心服务和核心资产等，内部人员更加熟悉组织系统的相关结构，了解更多的相关知识，在攻击的过程中可以更容易地接触到核心部位以及敏感资料，因此内部威胁造成的危害相比于外部威胁更大，会对组织的经济资产、业务运行及组织信誉造成更大的破坏。2014 年 CERT 发布的网络安全调查显示，不到 30%的内部威胁可以造成将近 50%的经济资产损失，说明内部威胁较普通的外部威胁危害更大。

（2）隐蔽性和伪装性

公司的内部人员在发动攻击时，由于其来自内部，熟知内部网络的安全防护配置等情况，往往利用其在组织内部的特权进行操作，其对于组织的运作流程比较了解，内部攻击可以发生在工作时间，导致攻击行为和正常工作行为较难区分，攻击行为通常被隐藏在日常的活动中，在攻击实施的过程中难以检测，增大了攻击数据挖掘和攻击行为分析的难度；内部攻击者具有组织安全防御机制的相关知识，并且与网络管理员和工作人员具有相应的社交关系，被发现的难度较大，可以有效逃避已有的网络安全检测方法，所以内部威胁具有极强的隐蔽性和伪装性。在攻击发生后，企业往往在数月之后才能察觉到攻击事件的发生，追责和补救的难度进一步加大。

（3）透明性

内部人员产生的威胁通常发生于安全边界之内，内部人员发动内部攻击一般不会经过防火墙、安全防护系统等设备，导致网络安全设备无法检测到内部攻击行为，因此安全设备对内部威胁的防御能力较低，内部威胁在发生的过程中可以绕过大量的安全设备，因此企业为了防护可能的内部威胁，必须投入额外的技术和精力才能达到一定的效果。

（4）多样性

内部威胁产生的原因和实际造成的影响多种多样。在大数据时代，组织内部核心资产与业务的信息化导致内部攻击难度降低，攻击元素日趋多样化。第一是攻击者的多元化，除了网络管理员、组织内职工等传统的雇员以外，第三方职工、合作方和服务甲方等，都有可能成为内部威胁的攻击者；第二是攻击方法的多样化，内部攻击者可以在内部网络中植入病毒，使用逻辑炸弹，利用自己的权限获得相关组织内部信息，也可以删除组织内部数据库或基础软件代码，还可以窜改相关信息进行诈骗等。除了传统的雇员与前雇员实施的攻击以外，还有雇员与外部人员勾结串通实施的攻击，获得授权的业务合作伙伴实施的攻击，企业收购与被兼并时双方雇员实施的攻击，由文化差异导致的异常等多种情况，这些不同的内部威胁情景使得内部威胁的攻击模式呈现多样性，增加了内部威胁检测的复杂性，不同攻击模式导致的不同行为特征增大了相关检测系统的检测难度，使得内部威胁检测问题面临更为严峻的挑战，内部威胁防护体系的构建必须进行多维度、全方面的考虑。

1.4 内部威胁的表现和分类

由于内部威胁发生的原因、攻击的手段，以及攻击所造成影响的多样性，本节将对这些多样的场景进行一定的归纳和分类，具体展现内部威胁的多种面貌。

1.4.1 内部威胁攻击者的角色

根据前述内容，内部威胁主要强调的内部特性来自攻击实施者的内部身份，在内部身份上，攻击者的行为特征可以用以下几类角色进行概括[32]。

（1）破坏者

破坏者代表拥有技术能力的系统特权人士，他们的行为是技术性的，并且目的通常是对组织的信息系统或者特定个人造成一定的伤害。这一类攻击者的心理大多是报复性质的，针对公司或者特定个人的不满情绪促使他们通过报复性手段进行攻击。利用自己本身拥有的特定权限，破坏者可以绕过系统的防护措施，直接对系统实现技术上的破坏和打击。通常这一类角色会在在岗时完成攻击的部署，待自己离职或者转移岗位后展开行动，完成报复的同时逃避检查与追责。

（2）系统性盗窃者

系统性盗窃者代表的是有组织地窃取知识产权的窃贼。这一类攻击者通常是科学家、技术工作者，往往还有很大的可能性涉及间谍活动。系统性盗窃者往往认为自己拥有项目或系统的彻底所有权。他们从自己经手的项目中窃取相关的资料，并在离职后以窃取的资料为基础，创建属于自己的新公司或者新项目，或者将相关的资料出售给国外有需求的间谍组织，为自己谋求一定的利益。在攻击实施的过程中，相当一部分系统性盗窃者还会召集同伴，以团队的形式完成对组织知识产权的窃取。

（3）个人性盗窃者

相对于系统性盗窃者，个人性盗窃者更加倾向于单独行动，他们的目的也更加简单。借助自己职务的便利性，个人性盗窃者在职时会持续性地、尽可能多地窃取到组织的内部信息。将机密信息或知识产权出售后，为自己赚取相应的经济利益。

（4）欺诈者

欺诈者通常是拥有一定岗位特权的中下层雇员，受经济利益的驱使，欺诈者在他们的岗位上会长期进行一些违反岗位规定的操作。比如未经允许进行数据修改、数据删除、信息窃取或者针对特定外部人员的区别对待。在行使自己职能的同时，欺诈者通过一些特权操作，达成自己的特殊目的，部分欺诈者也会与外部人员进行合谋。而欺诈者在岗位上产生的漏洞以及所泄露的信息，也有可能被外部恶意利用，最终对组织造成进一步的损失。

（5）粗心者

粗心者这一角色并不具有恶意，他们本身没有破坏组织系统的想法。但这类"无心之举"在内部威胁中也占有很大的比重，不能忽视。由于相应的规章制度缺乏或未能落实，或者单纯由于雇员的失误操作以及命令的错误传达，粗心者无意间造成的威胁很有可能对系统或者组织造成类似于破坏者的攻击水平，严重危及系统和数据的安全。比如他们有可能意外地丢失工作中的设备，或者在社交网络中意外地泄露公司内部的敏感信息。进一步地，部分粗心者在岗位中可能因大意触发钓鱼网站或者勒索软件，使得外部攻击者从内部突破变为可能，对组织造成更严重的损害。

1.4.2 内部威胁的影响

从前文关于内部人员和内部威胁的定义和分类中可以发现，不同的内部攻击者对于攻击目标有着不同的倾向，内部威胁产生的破坏影响非常广泛，涉及各种类别的系统以及网络威胁，归纳来看主要可以分为以下几个大类。

1）特权滥用

内部威胁之所以影响深刻，主要由于内部人员相比于外部人员对组织的系统、数据掌握更多的知识，拥有一定的特权，方便自己对这些系统、数据进行操作。常见的模式是内部人员通过授权或者未授权的特权操作，利用职务的便利或者技术上的手段，对信息系统进行超出自己职责本身的操作，或者通过偷盗、窃听等行为，获得相应的身份进行身份伪装，从而接触相关的权限。通过特权行为，内部人员可以对组织的数据和系统进行自己所期望的变更、添加、删除等操作，通过这些操作为自己谋求利益，进一步地，通过特权滥用，为下文所述的数据泄露和IT组织破坏行为做铺垫，造成更大的安全隐患。这些行为不仅会对公司造成一定的经济损失，公开后还会对公司的信誉造成严重的影响。例如，2020年12月，Ubiquiti Networks的一名员工滥用其管理权限窃取机密数据，并将其用于获取个人利益。该员工冒充匿名黑客，告知公司“窃取了他们的源代码和产品信息”，并要求公司支付近200万美元的赎金，以阻止进一步的数据泄露。美国司法部数据显示，该事件被报道之后，该公司的股价下跌了20%，市值损失40亿美元。

通过对相关威胁事件的调查，导致特权滥用的原因除了特权人员的恶意操作之外，还有以下两个方面。一方面，组织缺乏相关政策和规章制度，导致相关人员在执行管理操作时没有明确的标准和规范，相关流程未被落实，后续审核不力，导致对企业造成严重的损害，如管理员用户的随意创建。另一方面，承包商和云服务的漏洞也有可能导致特权的滥用，承包商对于某些服务不合理的外包，可能导致关键业务程序的管理特权泄露。由于网络设置和程序编写不恰当，在身份认证环节也有出现问题的风险。云存储、共享账户、公共网络等服务的账号共享、认证异常都将导致后续一系列威胁事件的出现。

2）数据泄露

相比于欺诈，数据泄露是在现实中更为常见的威胁。数据泄露的范围包括知识产权、用户信息、运营数据等。通常具有恶意的内部人员实施相关威胁的主要方法有通过私人邮件传送，通过云应用进行传输，通过移动物理设备进行拷贝，数据嗅探，通过终端设备发生的数据泄露等。在这些攻击方法中，通过电子邮件进行数据泄露是当前最主要的泄露方法，但近几年来，云应用的大范围应用使得通过云服务器产生数据泄露的事件数量正在不断增加。相比之下，USB等可移动传输设备窃取数据的事件数量正在逐年下降，机构对于USB设备的严格管控以及数据传输手段的出现是导致这个现象的主要原因。由于数据的存储和使用在目前的组织中十分频繁，并具有去中心化、云应用化、模块化等特点，所以这一类内部威胁很难被直接检测到。

除了内部员工主动实施的恶意威胁之外，非恶意员工导致的内部威胁事件往往也伴随着数据泄露。这些数据泄露发生于钓鱼（社交）网站、公共场合的不正当发言或存储设备意外丢失或失窃等情况，前者往往是指外人通过社会工程学等相关手法，在电子邮件、网站或者物理设备中注入相应的恶意软件，经过内部人员无意识的接触，恶意软件可以直接绕过外部防护设备进入组织系统，造成数据的泄露。

近年来，远程办公和居家办公的潮流兴起，使得企业需要对员工进行额外的监控部署，才能防止相关数据泄露事件的发生。在实际操作过程中，由于威胁具有隐蔽性，安全管理者通常需要通过其他相关威胁事件的链接，才能发现背后隐藏的数据泄露事件。另外，雇员在离职之前往往会尝试进行一定的数据获取，这一点为防范相关的数据泄露威胁提供了一定的指导和帮助。

3）系统破坏

系统破坏往往由内部具有核心技术的攻击者发起，是这类攻击者由于对于组织和企业的某种诉求未能被满足，进而产生的报复行为。通过自身拥有的专业知识和操作特权，这类攻击者通过在系统中植入相应的恶意代码，或者删除系统的核心数据、备份，破坏系统核心逻辑等方案，影响企业系统的正常运行，使得服务中断，对企业造成严重的影响。内部威胁具体对企业造成的影响包含以下几种。

（1）关键数据丢失

内部威胁使一个组织的关键数据处于危险之中。与设计、产品代码、有价值的设计等相关的数据可能被永久删除。由于内部威胁是在事情发生后才被发现的，因此关键数据的恢复是非常困难的。有时，具有恶意的内部人员偷窃硬盘或用垃圾值覆盖现有的关键数据，从而破坏了关键数据。为了防止关键数据丢失，应该创建一个数据丢失预防策略，在删除关键数据时，要求两个或更多的人进行认证。多人参与可以减少一个人作为内部威胁的影响。数据也应冗余地存储在分布式地点，这样，即使一台服务器被破坏，数据被删除，其他服务器也可以用来恢复数据。

（2）运营影响

如果内部威胁与生产有关，那么组织的运营就会受到高度影响。一个病毒可能被对手组织雇佣的内部人员安装在生产系统中，从而导致生产过程中的故障，这将进一步导致有缺陷的产品产生。有些病毒是高度复杂的，可能在很长一段时间内都不会被发现。由于这个原因，受害组织的生产能力降低，产品市场份额也随之减少。为了防止内部威胁对运营的影响，每个阶段都应遵循安全代码的规定，以防止包含病毒。生产软件应首先在不同配置的模拟环境中运行，这样，如果病毒在一些基于条件的逻辑上运行，就可以被及早发现。

（3）财务影响

内部威胁造成的财务影响是当今企业或组织的一个主要关切点。由于内部数据泄露，一个组织的商业机密可能被泄露给外部人员，包括销售报价、投标信息和机密客户。这些信息会进一步阻碍组织的业务，并造成财务损失。如今，勒索软件也很猖獗。在大多数情况下，黑客利用钓鱼邮件向粗心的员工分享恶意文件。当员工点击附件打开文件时，赎金软件便被下载并安装在系统中，从而使系统无法使用。黑客会收取高额赎金，金额高达数百万美元，以清除赎金软件，这就对一个组织造成了财务影响。企业或组织应从网络安全的角度对员工进行培训，让他们了解该做什么和不该做什么，以防止财务影响；所有部门都应遵循零信任政策。

（4）法律影响

在法律上，一个组织必须遵循各种政府政策和程序，以继续其运作。然而，由于内部威胁的存在，会出现与政策和程序不一致的情况。在不符合规定的情况下，一个组织必须支付监管成本。例如，如果一个恶意的员工使用亚马逊网络服务（Amazon Web Services，AWS）实例在有禁令的国家运行软件，那么该组织要为不遵守国家政策承担法律责任，并且可能要为其员工的违法行为支付罚款。第三方提供商的季度安全合规性应该在不通知内部部门的情况下进行，以抓住系统中存在的漏洞。

（5）竞争优势的丧失

由于内部威胁的存在，某组织在竞争中出类拔萃的计划可能会被市场或公共领域的对手组织所发现，这可能导致该组织的所有努力白费，市场上的其他组织也可以使用内部人透露的数据，从而使得该组织的计划在竞争中失去效力。这种影响发生在组织的较高层面。最高管理层应该为所有竞争性信息泄露的情况制订应急计划，以防止其发生。

（6）声誉的损失

由于内部威胁的存在，组织的声誉也可能受到威胁。曾有过这样的案例：拥有高级管理权限的组织雇员成为该组织的内部威胁。有时，网络管理员会滥用他们的访问权，在个人层面对组织中的员工进行纠缠。在其他情况下，客户数据可能被一个恶意的内部人员泄露，并用于个人利益。这些案件在发生了很长一段时间后才被曝光，并降低了组织在市场上的声誉。一个组织应该有相应的政策来处理由于内部威胁而造成的声誉损失：所有的系统都应该打上最新的补丁；应限制组织数据的共享；应定期对认证异常情况进行扫描。

（7）知识产权盗窃

在以产品为基础的公司，盗窃知识产权的危害性是灾难性的，大量的研究和开发工作以及资金被用于开发一个出色的产品，然而，由于知识产权盗窃的存在，产品设计和代码通常与竞争对手的组织共享，或前雇员利用知识产权创建自己的组织，这可能会给一个组织造成财务损失，因为在没有实际产品发布的情况下，之前所花费的时间和金钱是“零回报”。在某些情况下，被盗走的新产品被别人申请了专利，而原来的组织不能合法地收回专利。在艺术领域，歌曲、歌词、图纸、脚本等被盗是经常发生的情况。盗窃的发生是由于对知识产权文件的不安全访问，或者是由于被对手组织收买的内部人员所造成的。为了防止知识产权被盗，代码、发明和其他关键数据应该被混淆和加密，并且多名员工应同时进行认证和授权，以解密数据。

（8）市场价值降低

内部威胁会导致敏感数据泄露、生产损失和组织声誉受损。由于这些因素，组织的形象在投资者心中会受到负面影响。内部威胁的案例意味着该组织不够安全，说明数据可能被泄露，或者组织的员工不值得信任。在大多数情况下，内部威胁会成为新闻头条，使一个组织的股票市场股价暴跌至低水平。为了防止市场价值降低，从运营的第一天起组织就应该采取适当的措施，将防止内部人员发起的网络攻击视为第一要务；整个 IT 基础设施应从内到外进行加固。

（9）支出增加

在有可能发生内部威胁的情况下，对所有员工进行记录和监控应当是强制性的，为此要购买各种软件和设备。尽管购买员工的活动跟踪软件和设备是必要的，但与之相关的费用被认为是额外的开支，因为它不用于组织的日常运作，也不产生任何收入。此外，应该在组织中实施开放源码软件的组合，由于市场上没有单一的工具可以有效地执行所有的安全操作，多种软件必须确保适当的安全性。

1.4.3 内部威胁实施的环节

以上两个小节分别阐述了内部威胁的攻击者主体特征以及内部威胁造成的主要影响。在检测、对抗具体内部威胁事件的过程当中，研究者还需要掌握攻击事件的整体面貌，针对内部威胁发生的各个环节，有针对性地进行相应的安全部署。通过对整体攻击链条的分析，我们可以从多个阶段研究内部威胁及其相关的早期特征。而完整链条中的任意一个威胁被成功解除，就意味着能够有效防范一个正在发生的内部威胁行为。

在本小节，为了阐述更完整的攻击链条，我们只针对有主动恶意的攻击者进行讨论，由于内部人员的疏忽所产生的内部威胁暂时不在分析范围之内。但疏忽导致的威胁现象与恶意攻击的表现也有很强的一致性，所以这一部分对于检测疏忽所造成的威胁依然有一定的参考价值。按照攻击的流程顺序来看，内部威胁事件可以分为以下几个阶段。

1. 勘探阶段

勘探阶段是攻击的准备阶段，在这一阶段，当内部攻击者因为某种原因决定发起攻击后，首先需要根据自己的行动方针进行一定的调查。对于系统破坏者而言，这一步往往是扫描相关的系统弱点；系统欺诈者则会熟悉并定位可行的接入点，了解相关的账号以及认证需求；盗窃者会确定相关信息的位置，并与可能潜在的外部合作者确认信息的价值。

2. 实验阶段

在实验阶段，攻击者将会尝试进行小规模的入侵，测试计划的可行性和隐蔽性。在这一阶段，系统破坏者将针对系统弱点进行分析和利用，寻找可能利用的漏洞或者监管中的空白，编写相应的恶意软件，在本地或测试环境中实验自己恶意软件的功能；欺诈者会进行首次数据窜改，尝试欺骗的可能性；信息系统的盗窃者则会组建自己的团队，拓展相应的资源以试图获得相应信息的访问权限。在这一阶段，员工的异常行为已经初步展现，可以在日志活动中发现零星的异常。

3. 执行阶段

执行阶段是攻击者真正发动攻击的阶段，在这一阶段，破坏者会按照计划将恶意软件植入系统，对系统造成损害；欺诈者则会在一段时间内持续地对数据进行窜改，为自己获取利益；盗窃者将通过前期获取的途径，完成对系统信息的接触、暂存、窃取。在这一阶段，企业需要通过相应的检测手段，及时对员工的异常操作进行发现、报警，尽可能地减少损失的发生。

4. 逃离阶段

在逃离阶段，攻击者将对已经完成的攻击进行善后处理。通常情况下，破坏者在这一阶段会离岗，转嫁破坏造成的后果；欺诈者会通过账本以数据造假的方式隐藏自己在岗位上的不当行为；盗窃者则会完成存储介质的转移，将数据成功带出保密边界，完成价值的兑换和与合谋者的利益分配。在逃离阶段后，虽然组织将蒙受此次攻击的损失，并且在发现相关的损失前，对攻击的检测将会变得更加困难，但通过合理地利用溯源技术，组织仍可能还原攻击细节，对相关人员进行追责。

1.5 内部威胁当前面临的问题

基于上述相关工作，从技术方面，我们对于内部威胁分析所面临的一些问题做出如下总结，以方便研究人员对下一步的研究方向和技术路线进行参考。

1.5.1 公开可用的数据集

为了检测相关技术的有效性，研究过程中的数据集是必不可少的一部分。为了使相关数据集在研究过程中更加有效，更加具有代表性，研究内部威胁的数据集必须包含对内部环境非常详细的描述，而这样的数据集是非常难得的。在内部威胁领域中，研究人员有两个选择，他们可以使用或收集真实的用户数据，也可以使用合成的数据作为参考。

因为内部威胁主要研究的是人的行为，对于人的行为，相关的探测技术必须考虑社会学的方法。为了收集内部恶意人士的真实数据，组织内部需要监控和记录自己员工的操作和行为。而基于保密性和隐私性的考虑，真实记录的数据自身就带有一定的风险，对公司员工和公司本身的隐私都造成了一定的威胁，使得数据的收集和使用受到了很大的阻碍。这些数据集要在保护个人身份和机密信息的条件下进行传播，势必要对数据进行一定的掩盖，使得数据在测试过程中的效率有所降低。静态的内容也使得真实数据集难以匹配部分的应用场合。

另外，合成数据集也存在着一定的问题，其中最根本的，便是如何让合成数据达到接近于人类操作的真实性。手动创建的数据集往往涵盖不全，不能提供测试复杂系统所需要的覆盖率和一致性，而随机生成的合成数据则往往会产生一定的偏差，蕴含较大的误差风险。完全合成的数据集难以取代真实数据集的价值，但它们的存在可以显著地降低相关数据实验研究的门槛。即使合成数据的制作可以相当的复杂，但在使用的过程中必须牢记其存在的局限性，注意模型的维度和自然世界相匹配，这样合成数据对于相关理论的证明才更有力[33]。

当前内部威胁研究可用的公开数据集极少，现有的公开数据集可分为五类：伪装者类，如 RUU 数据集[34]、WULL 数据集[35]和 DARPA1998 数据集[36]；叛徒类，如 Enron 数据集[37]和 APEX 数据集[38]；综合恶意类，如 CERT 数据集[39]和 TWOS 数据集[40]；替代类伪装者，如 Schonlau 数据集[41]；识别/认证类，如 Greenberg 数据集[42]。数据集类别可以通过以下决策步骤获得:①通过区分非用户数据中用户的意图(代表用户的恶意类数据),得到恶意和良性分支;②对于恶意意图分支,通过违反策略的执行方式,使用合法用户的访问(叛徒型)、获取未经授权的访问(冒名顶替型)或两种情况分别包含在一个数据集中的方式来得到不同的数据集(其他恶意型);③对于良性意图分支,区分数据集的作者是否制定了恶意类,其中替代冒名顶替者类别包括包含明确构建的"恶意类"标签的样本的数据集,而身份验证类别不包括样本仅包含用户身份标签。将良性意图分支的数据集分为两个子类使我们能够隔离指定检测/分类任务的相同条件的数据集,因此在这些数据集上评估方法的结果始终具有可重复性。与之相反,身份验证类数据集使研究人员能够选择恶意类的各种混合样本,从而可能简化分类任务。各代表性数据集统计信息见表 1-1。

表 1-1　代表性数据集统计信息

数据集	类别	统计信息
RUU	伪装者类	34 个正常用户和 14 个伪装者
Enron	叛徒类	150 名用户的 50 万封邮件
Schonlau	替代类伪装者	50 名用户的 UNIX 操作指令
Greenberg	识别/认证类	168 名用户的 UNIX 完全操作指令
TWOS	综合恶意类	24 名用户,12 名伪装者,5 名叛徒
CERT	综合恶意类	3 995 名正常用户和 5 名内部威胁人员

1.5.2　海量数据的存储和管理

一般来说,内部威胁的预防和检测都需要数据的支持,在此基础上,研究者往往需要处理具有多种数据来源的非结构化数据,比如主机操作、服务器日志、网络日志以及各种其他信息来源提供的数据,每天面对的操作系统、硬件配置、软件协议都有所不同。

传统的分析技术难以支持长期的、大规模的分析。一是长期保留大量的数据在经济上不可行,二是非结构化的含噪声数据往往意味着低效。因此在未来,大数据分析将会成为内部威胁分析的有力工具之一[43]。大数据平台也成为处理问题,建立有效安全监管环境的必要技术。为了建立高效的、经济的大数据平台,虽然现在存在一定的开源软件,但在这一点上仍然需要企业和研究者付出一定的时间和精力。虽然随着技术的创新,生成、收集、存储大型数据集正变得越来越容易,但为了在其中获得有价值的信息,研究者必须面临"脏数据"的挑战。数据来源于不同的源,它包含了噪声、脏污和歧义,为了去除这些脏污,使数据结构化,避免其中的不准确性、误导和错误,研究者需要使用数据清理的方法,以便顺利地进行数据分析[44]。成功进行数据清理的前提,是研究者对于问题的情景有着足够的认知,只有这样,研究者才能挑选出数据中最有价值的部分,结合内部威胁场景所对应的操作系统、网络设备、员工情况进行最有效的检测和分析。

1.5.3　知识提取和管理

尽管前期已经完成了很多工作,但是针对一个威胁场景提取有关的威胁信息仍然是具有挑战性的任务，尤其是在大量数据中发现攻击者留下的微小足迹难度更大。在具体的研究过程当中，研究者设定了技术应用的模型，在模型框架内，研究者收集多方来源的数据，从原始数据源中提取评价用户的相关特征，完成检测、预警等功能。异常行为的识别需要经过多方面特征的推导，而其中隐藏的关联信息难以被直接识别、提取，由于现实情况的复杂性，当数据、环境发生变化时，相关的知识提取环节必须重新进行。不同来源的安全产品、安全策略，其中的格式差别巨大，管理与使用模式各有不同，提供的信息也互有侧重。因此，如何有效地提取领域内已知的知识，形成一致的标准，并对相关的公共信息进行管理，实现不同环境下知识的迁移，将是未来面对复杂多变的内部威胁环境时研究主要面临的问题之一。

公共信息模型(Common Information Model，CIM)[45]和知识图谱(Knowledge Graph，KG)[46]是两种可能的解决方案，前者为大型系统提供了一种标准的模型管理方案，增强了数据模型的可重用性、可扩展性和灵活性；后者则通过对数据的整合与规范，以实体、关系和事实三个集合，提供有价值的结构化信息，并且辅助挖掘隐含的知识。

1.5.4　智能决策

在分析数据的过程中，选择合适的方法来明智地做出决策一直是一个非常有挑战性的问题。决策的结果直接影响对威胁的处理情况，决定相关研究的价值。而在很多场景下，研究者的分析通常只是给出一个二维的输出：异常或者正常。目前的决策环节很大程度上取决于对数据进行处理后，相关专家进行的手动检查。在这样的操作模式下，大数据量、高误报率都会对决策的结果产生巨大的影响[47]。结合前述的基于专家领域知识的手动提取，未来的决策工作应该向着自动决策和可靠先验知识的分析等方向发展。

在自动决策方面，深度学习和机器学习能够从大量的训练中发现特性间更为高维的联系，虽然对于先验知识的依赖性较小，但这种联系往往难以解释，不便于具体决策的制定。而先验知识在应用过程中局限性较大，往往一种知识只能对应特定情况下的一个问题，在实践过程中需要大量检测器进行嵌套，每个检测器应用一个具体的逻辑，通过输出结果的聚合完成决策的制定，较为死板的设定使得决策通常不够智能。要想在未来大数据环境下完全减少人工决策，并提高决策精度，还需要研究人员投入更多的努力。

1.5.5　技术层面外的支持

虽然人们面对内部威胁首先考虑的是技术方面的问题，在当前环境下，市面上的安全领域也有大量安全技术产品在保障组织系统的安全运行，但要注意的是，大量的内部威胁安全事件仍然在发生，而要处理相关的内部威胁必须以整体的思维去看待安全事件的发生。人和环境在整个安全事件中都扮演着重要的角色，除了技术手段外，相关配套的手段必须也加以重视，比如内部员工管理、安全策略规定、员工心理辅导、企业文化建设、安全意识培训等[48]。多方面合力从根源上减少内部人员产生主观恶意威胁的可能，并通过相应的监管手段降低员工意外导致威胁的频率，才能真正做到内部安全。

参 考 文 献

[1] SCHULTZ E E. A framework for understanding and predicting insider attacks[J]. Computers & security, 2002, 21(6): 526-531.

[2] 刘妍."棱镜门"事件引发的思考--大数据时代的计算机网络与信息安全[J].信息与电脑(理论版),2016(20):191-192.

[3] THEIS M, TRZECIAK R, COSTA D, et al. Common Sense Guide to Mitigating Insider Threats[M]. 6th ed. Pittsburgh: Software Engineering Institute, 2019.

[4] Securonix. 2020 Insider Threat Report[EB/OL]. [2023-03-10]. https://www.securonix.com/resources/2020-insider-threat-report/.

[5] Gurucul. 2020 Insider Threat Survey Report[EB/OL]. [2023-03-10]. https://gurucul.com/2020-insider-threat-survey-report.

[6] PFLEEGER S L, PREDD J B, HUNKER J, et al. Insiders Behaving Badly: Addressing Bad Actors and Their Actions[J]. IEEE Transactions on Information Forensics & Security, 2010, 5(1):169-179.

[7] BRACKNEY R C, ANDERSON R H,. Understanding the insider threat. Proceedings of a March 2004 workshop[R]. RAND CORP SANTA MONICA CA, 2004.

[8] ALTHEBYAN Q, PANDA B. A knowledge-base model for insider threat prediction. In Information Assurance and Security Workshop, 2007. IAW'07. IEEE SMC. IEEE, 239-246.

[9] GREITZER F L, FRINCKE D A. Combining traditional cyber security audit data with psychosocial data: towards predictive modeling for insider threat mitigation [M]// Insider Threats in Cyber Security. Boston: Springer, 2010: 85-113.

[10] CHINCHANI R, HA D, IYER A, et al. Insider threat assessment: Model, analysis and tool[M]// Network security. Boston: Springer, 2010: 143-174.

[11] GARFINKEL R, GOPAL R, GOES P. Privacy protection of binary confidential data against deterministic, stochastic, and insider threat[J]. Management Science, 2002, 48(6): 749-764.

[12] SINCLAIR S, SMITH S W. Preventative directions for insider threat mitigation via access control[M]// Insider attack and cyber security. Boston: Springer, 2008: 165-194.

[13] PROBST C W, HUNKER J, BISHOP M, et al. Summary--Countering Insider Threats[C]//Dagstuhl Seminar Proceedings. Schloss Dagstuhl-Leibniz-Zentrum für Informatik, 2008.

[14] BISHOP M. Position: “ insider” is relative[C]//Proceedings of the 2005 workshop on New security paradigms. Lake Arrowhead California, ACM, 2005: 77-78.

[15] BISHOP M, Engle S, Peisert S, et al. Case studies of an insider framework[C]// 2009 42nd Hawaii International Conference on System Sciences. Big Island, HI, IEEE, 2009: 1-10.

[16] PREDD J, PFLEEGER S L, HUNKER J, et al. Insiders behaving badly[J]. IEEE Security & Privacy, 2008, 6(4): 66-70.

[17] COLE E, RING S. Insider threat: Protecting the enterprise from sabotage, spying, and theft[M]. Amsterdam: Elsevier Science & Technology Books, 2005.

[18] FRANQUEIRA V N L, WIERINGA R, VAN CLEEFF A, et al. External insider threat: A real security challenge in enterprise value webs[C]// 2010 International Conference on Availability, Reliability and Security. Krakow, Poland, IEEE, 2010: 446-453.

[19] PFLEEGER S L, PREDD J B, HUNKER J, et al. Insiders behaving badly: Addressing bad actors and their actions[J]. IEEE transactions on information forensics and security, 2009, 5(1): 169-179.

[20] THEOHARIDOU M, KOKOLAKIS S, KARYDA M, et al. The insider threat to information systems and the effectiveness of ISO17799[J]. Computers & Security, 2005, 24(6): 472-484.

[21] SCHULTZ E, SHUMWAY R. Incident response: a strategic guide to handling system and network security breaches [M]. Indianapolis: Sams, 2001.

[22] COLLINS M L, THEIS M C, TRZECIAK R F, et al. Common sense guide to prevention and detection of insider threats[M]. 5th ed. Pittsburgh: Software Engineering Institute, 2016.

[23] LIU D, WANG X F, CAMP L J. Mitigating inadvertent insider threats with incentives[C]//Financial Cryptography and Data Security: 13th International Conference, FC 2009, Accra Beach, Barbados. Springer Berlin Heidelberg, 2009: 1-16.

[24] RASKIN V, TAYLOR J M, HEMPELMANN C F. Ontological semantic technology for detecting insider threat and social engineering[C]//Proceedings of the 2010 New Security Paradigms Workshop. Krakow, Poland, ACM, 2010: 115-128.

[25] GREITZER F L, STROZER J, COHEN S, et al. Unintentional insider threat: contributing factors, observables, and mitigation strategies[C]//2014 47th Hawaii International Conference on System Sciences. Waikoloa, Hawai, IEEE, 2014: 2025-2034.

[26] WALL D S. Enemies within: Redefining the insider threat in organizational

security policy[J]. Security Journal, 2013, 26: 107-124.

[27] ANDERSON J P, Computer Security Threat Monitoring and Surveillance [M]. Fort Washington: James P. Anderson Co. , 1980.

[28] BELLOVIN S M. The insider attack problem nature and scope[J]. Insider Attack and Cyber Security: Beyond the Hacker, 2008: 1-4.

[29] CAPPELLI D M, MOORE A P, TRZECIAK R F. The CERT guide to insider threats: how to prevent, detect, and respond to information technology crimes (Theft, Sabotage, Fraud)[M]. [S. l.]: Addison-Wesley, 2012.

[30] 吴良秋.浅析网络内部威胁[J].计算机时代,2019(6):41-45.

[31] CSO. The 2017 U. S. State of Cybercrime Survey[EB/OL]. [2023-03-21]. https://cdn2. hubspot. net/hubfs/1624046/US% state% 20of% 20Cybercrime _ Exec%20Summary_2012 Final. pdf? t=1511361499308.

[32] YOUNG W T, GOLDBERG H G, MEMORY A, et al. Use of domain knowledge to detect insider threats in computer activities[C]//2013 IEEE Security and Privacy Workshops. San Francisco, California, USA: IEEE, 2013: 60-67.

[33] GLASSER J, LINDAUER B. Bridging the Gap: A Pragmatic Approach to Generating Insider Threat Data, IEEE Security and Privacy Workshops, 2013: 98-104.

[34] SALEM M B, STOLFO S J. Modeling user search behavior for masquerade detection [C]//Recent Advances in Intrusion Detection: 14th International Symposium, RAID 2011, Menlo Park, CA, USA, September 20-21, 2011. Proceedings 14. Springer Berlin Heidelberg, 2011: 181-200.

[35] CAMINA J B, MONROY R, TREJO L A, et al. Temporal and spatial locality: an abstraction for masquerade detection [J]. IEEE transactions on information Forensics and Security, 2016, 11(9): 2036-2051.

[36] LIPPMANN R P, FRIED D J, GRAF I, et al. Evaluating intrusion detection systems: The 1998 DARPA off-line intrusion detection evaluation[C]//Proceedings DARPA Information Survivability Conference and Exposition. DISCEX'00. IEEE, 2000, 2: 12-26.

[37] CALO Project. Enron Email Dataset. [EB/OL]. (2015-05-08) [2019-02-07]. http://www. cs. cmu. edu/~enron/.

[38] SANTOS JR E, NGUYEN H, YU F, et al. Intent-driven insider threat detection in intelligence analyses[C]//2008 IEEE/WIC/ACM International Conference on Web Intelligence and Intelligent Agent Technology. Sydney, Australia: IEEE, 2008, 2: 345-349.

[39] GLASSER J, LINDAUER B. Bridging the gap: A pragmatic approach to generating insider threat data[C]//2013 IEEE Security and Privacy Workshops.

San Francisco, California, USA : IEEE, 2013: 98-104.

[40] HARILAL A, TOFFALINI F, CASTELLANOS J, et al. Twos: A dataset of malicious insider threat behavior based on a gamified competition[C]//Proceedings of the 2017 International Workshop on Managing Insider Security Threats. Dallas Texas USA: ACM, 2017: 45-56.

[41] SCHONLAU M, DUMOUCHEL W, JU W H, et al. Computer intrusion: Detecting masquerades[J]. Statistical science, 2001: 58-74.

[42] GREENBERG S. Using Unix: Collected Traces of 168 Users. Report, University of Calgary. 1988.

[43] CARDENAS A A, MANADHATA P K, RAJAN S P. Big data analytics for security[J]. IEEE Security & Privacy, 2013, 11(6): 74-76.

[44] KUMAR V, KHOSLA C. Data Cleaning-A thorough analysis and survey on unstructured data[C]//2018 8th International Conference on Cloud Computing, Data Science & Engineering (Confluence). Noida, India: IEEE, 2018: 305-309.

[45] FEHRATBEGOVIC A. Power System Modeling Using Common Information Model and Object Oriented Approach[C]//2018 26th Telecommunications Forum (TELFOR). Belgrade, Serbia: IEEE, 2018: 1-4.

[46] 杭婷婷,冯钧,陆佳民.知识图谱构建技术:分类、调查和未来方向[J].计算机科学,2021,48(2):175-189.

[47] YEN T F, OPREA A, ONARLIOGLU K, et al. Beehive: Large-scale log analysis for detecting suspicious activity in enterprise networks[C]//Proceedings of the 29th annual computer security applications conference. New Orleans Louisiana USA: ACM, 2013: 199-208.

[48] WANG H, XU H, LU B, et al. Research on security architecture for defending insider threat[C]//2009 Fifth International Conference on Information Assurance and Security. Xi'an, China: IEEE, 2009, 2: 30-33.

第2章　内部威胁风险分析

有关内部威胁的研究主要着眼于以下两个问题：如何分析内部威胁事件？如何防御内部攻击？本章主要关注内部威胁中的风险分析。

2.1　风险分析的概念

风险是威胁和漏洞的组合，没有威胁的漏洞是没有风险的，同时，没有漏洞的威胁也是没有风险的。风险分析是对需要保护的资产及其受到的潜在威胁进行鉴别的过程。其有助于公司或组织确定关键资产以及对这些资产的潜在威胁和资产受损时的业务影响。公司或组织应利用评估结果来制定或完善保护其网络系统的总体战略，在应对威胁和完成任务之间取得适当的平衡。

针对内部威胁的风险分析可分为以下三类。

- 基于心理学和社会学的风险分析：通过对内部人员在进行内部攻击之前的行为特征和心理特征进行建模来预测内部攻击。
- 基于行为框架的风险分析：通过对内部人员在工作过程中产生的数据（如系统调用、签名）进行分析建模来预测内部攻击。
- 基于行为模拟的风险分析：通过对真实系统长期运行的模拟来预测内部攻击。

本章首先对产生内部威胁的两种因素，即主观因素和客观因素进行介绍，并基于这两种因素对风险分析的方法分别进行介绍，其次对在风险分析中常用的数据源进行介绍，最后对有关的风险分析模型进行介绍。

2.2　风险分析相关因素

现有的心理学和社会学研究发现，内部威胁事件与人格隐私、情绪状态、恶意行为倾向和精神障碍相关。因此对于内部威胁的风险分析可以从主观因素和客观因素两方面入手。主观因素主要包括内部人员的人格特征等内在心理特征。对于主观因素分析，可以从心理学领域以及社会学领域两个领域进行分析。客观因素主要从内部人员的行为表现中体现。对于客观因素分析，可以通过建立用户的行为模型来进行分析。

2.2.1 主观因素

主观因素主要包括内在心理特征以及自身心理状态的变化。

1. 心理特征

由于内部威胁属于犯罪活动，对实施内部威胁的犯罪人的内在心理特征的分析可以划分到犯罪心理学中。任何犯罪行为，总是在一定的心理活动的支配下实施的，犯罪心理的形成也受主体的人格或个性因素的影响，与主体的需要、智力、情绪与意志品质、性格和自我意识有关。

一般认为，以下不良性格特征常易引起行为人的违法犯罪行为。

① 对社会、集体、他人和自己都缺乏责任感，生活态度轻率，没有明确的生活动机，嫉妒心和报复心较强，对社会有种种不满情绪。

② 任性、鲁莽、胆大妄为，无组织纪律性。

③ 情绪不稳定、喜怒无常、心境变化多端，神经质；情绪体验低级、庸俗、外显；缺乏道德感和理智感，美感歪曲、以奇为美，不符合社会规范。

④ 在对待客观事物的态度和行为方式上明显地固执，爱钻牛角尖。

⑤ 自我中心主义、心胸狭隘、敏感多疑、易受暗示、感情脆弱、攻击性强、对挫折的忍受力差。

这些不良性格特征是多数犯罪人所具有的特征，是犯罪人重要的心理动因，所以内在心理特征可以作为内部威胁风险分析的一个主观因素。

2. 心理状态变化

个人性格特征以及外部因素等都有可能造成心理状态变化，文献[1]提出了以下 12 种情况，这些情况都可以作为判断用户心理状态的重要指标。

① 不满。心怀不满的员工往往会成为恶意的内部人员，例如前美国海岸警卫队员工沙昆塔拉·辛拉(Shakuntara Sinla)，她在 1997 年伪装成另一名用户，在对自己关于性骚扰的投诉没有得到认真对待而感到不满后，攻击了海岸警卫队的几台计算机[2]。

② 批评。受到批评但不接受对其行为、职业道德或工作质量的批评的用户会产生不满情绪。

③ 愤怒。用户如果非常愤怒，发送辱骂性的电子邮件，以口头和书面(如电子邮件或短信)形式说脏话，这种情况最终可能发展为内部威胁。

④ 孤立。一个不太与组织中其他人互动的用户变得孤僻也被认为可能会带来内部威胁风险。

⑤ 无视权威。一个无视正常的甚至与计算机无关的工作场所规则的用户，可能会带来风险。忽视某一套规则的人可能会忽视关于计算机使用的规则。

⑥ 绩效。绩效评估不佳的人最终可能会成为恶意的内部人员。

⑦ 压力。处于压力下(例如离婚、财务压力和与健康相关的压力)的用户可能会成为第三方的牺牲品，第三方可能会利用他们的心理弱点将他们变成恶意的内部人员。

⑧ 对抗性行为。这类似于制怒。过于激进的用户通常是有侵略性的，因为他们对组织中的事物或个人有一定程度的不满情绪，因此，对抗性行为可能是不满的症状。

⑨ 个人问题。无法将个人生活与工作分开的员工可能会由于个人问题导致压力。因此，这个情况与上面列出的“压力”情况相关。

⑩ 以自我为中心。一个只考虑自身，而不考虑其同事需求的用户，可能也不会花太多时间考虑其公司的需求，除非公司支持自己实现目标。这样的用户可能会受到外部组织的诱惑，这些组织试图通过向其提供满足其需求的激励（例如，金钱和性）来将其变成恶意的内部人员。

⑪ 缺乏可靠性。这对应于用户做出承诺，但无法兑现的情况。这里的基本原理是，如果用户不能信守对其同事做出的承诺（例如，按时完成项目），那么其在组织内的信任度就不高。

⑫ 旷工。长期缺席或迟到的用户表现出不良的职业道德，其可能不太关心公司。

此外，员工的精神病史和违法犯罪历史档案也可以用于判断用户心理状态。

值得注意的是，以上 12 个“预测因子”本身不太可能是内部威胁的良好预测因子，因为它们会导致很高的误报率。例如，一个因为与配偶存在问题而感到有压力的人不太可能在他的工作中变成恶意的内部人员。因此，这些指标只是未来可能出现的错误行为的“信号”。

2.2.2 主观因素分析

1. 心理学领域分析

对于心理学领域分析，早期最具有代表性的研究工作是 SKRAM(Skills，Knowledge，Resources，Authority and Motives)模型[3] 和 CMO(Capability，Motivation，Opportunity)模型[4]。如图 2-1 所示，Parker D B 认为当考虑在组织中实施新的网络安全战略时，应该评估可能对组织发起攻击的人员的潜在特征，特别是技能(Skills)、知识(Knowledge)、资源(Resources)、权限(Authority)和动机(Motives)这五个关键要素，SKRAM 模型有助于识别组织的潜在风险。Wood B J 提出了从多种特征来描述内部人员的 CMO 模型，该模型最早只包括三个因素，分别是能力(Capability)、动机(Motivation)以及机会(Opportunity)。Wood B 将一个系统定义为“某个相关管理领域范围内的整体网络”，将研究目标定义为“系统中易受内部人员攻击的部分”。后期 Wood 对 CMO 模型进行了扩展，其所描述的内部人员特征与 SKRAM 模型中的特征部分重叠，包括：访问、知识、特权、技能、风险、策略、动机和过程。Frank S 提出了基于 SKRAM 的风险评估模型[5]，该模型根据上述五个关键要素设置了 16 个独立分值评判点，这些标准评估值构成了评估嫌疑人实施特定信息安全犯罪可能性的调查基线。Thompson P 在 SKARM 模型的基础上提出了对手仿真内部威胁模型[6]，增加了网络活动行为、策略以及风险评估等因素。

在 SKRAM 模型和 CMO 模型被提出之后，许多研究者试图从心理学的角度来解释内部攻击者的动机。心理学领域针对内部威胁检测的研究通常使用心理侧写的方法从用户

图 2-1 SKRAM 模型的五个关键要素

的主机行为或者网络行为中推断出其心理状态。Shaw 等[7]第一次建立了心理学与内部威胁间明确的联系，从七个方面对关键部门的信息人员如程序员、网络专家等进行了研究(这七个方面包括性格内向、过度依赖电子计算机、社交受挫、道德底线、忠诚度、崇尚权力、同情心)，分析了个人行为和性格情感在内部威胁检测中起到的作用。Shaw 等提出了内向的人更容易造成内部威胁，他们通过关注重要的信息技术人员(例如，系统管理员、程序员、网络专业人员)来探索个人与威胁的关系，通过美国联邦调查局(Federal Bureau of Investigation，FBI)的调查报告证实了具有自恋型人格的用户很有可能造成内部威胁。Farahmand 等[8]认为认知能力理解和潜在后果评估能力是内部威胁行为的重要指标。因此，通过对内部人员以威胁行为获得的“奖励”进行建模，可进行风险认知能力分析。

Greitzer F L 等[9]通过整合安全信息和事件管理系统、入侵检测系统、数据包跟踪系统、人力资源系统等多方面的数据源信息以及心理社会指标来识别和主动应对可能存在的内部威胁攻击，作者基于大量的事件实例和行为心理学关联研究构建了较为成熟的内部人员潜在威胁分析模型。为收集内部人员的心理学数据，该研究项目组先咨询了组织内部的管理阶层和人力资源团队，收集并整理出人为观测的结果，而后，由数据驱动的心理学推理系统将观测结果对应到不同的心理学指示器上(包括压力指数、不满指数等)。内部人员潜在威胁分析模型的实现主要可分为两大步骤。第一步，将心理学指示器和心理学风险指数对应为“贝叶斯信念网”的二进制变量节点，并进行有监督的机器学习[10]。该学习的目的是模拟出各个指示器的优先级和权值。第二步，利用学习得到的模型分析新的员工心理指标，得出他们造成内部威胁的可能值。这种方法的优点在于将抽象的心理学指标数字化，有助于进行准确的量化分析。随后 Greitzer 等[11]分析了内部人员作恶前的行为表现，提出的心理学指标包括愤怒，不接受反馈，情绪管理问题，空闲时间，无视权威，效率，压力，对抗性行为，个人问题，自我，可靠性，旷工等。

Nurse 等[12]构建了表征内部威胁的一个基础框架，提出内部威胁问题空间的分类，包括突发事件，人格特征，历史行为，心理状态，对待工作的态度，技能，机会和攻击动机。Hashem 等[13]利用人类生物信号(脑电图和心电图信号)检测了恶意活动。Tausczik 等[14]分析了日常使用的词语中在心理学方面有意义的类别词，用以检测人员的心理状态，例如注意焦点，情感，社会关系，思维样式和个体差异等。Brown C R 等[15]利用组织内部可监控的电子邮件、消息、浏览的社交网站等信息进行研究发现，单词的使用频率揭示了隐含人格，将单词使用频率与大五人格相关联，可以分析并预测潜在的威胁内部人员。Nurse等[12]运用社会学中的扎根理论分析了大量内部威胁案例、文献以及心理学内容，将内部威胁的主客观要素进行融合，建立了一个描述内部攻击特点的统一框架，分别反映了内部威胁检测过程中内部威胁主观要素和内部威胁客观要素各自的作用。Leach[16]分析了影响员工安全行为的几个因素，同时强调其中的三个因素可以改善这种安全行为：①其他人员，尤其是管理者的行为；②员工的安全感和决策经验；③员工与公司的心理契约。文献[17]第一次从社交媒体应用的角度推断了用户的人格特征以检测可疑的内部威胁者。

此后出现了更多的研究者利用心理学侧写的方法研究内部威胁，例如：从游戏服务器中爬取用户的游戏数据，通过检测系统监测背叛工会的用户；从 Twitter 上爬取用户的昵称、ID、自我介绍、关注的用户数以及被关注的次数等信息，绘制出 Twitter 中的用户社交网络，重点从用户的普通程度、Klout 分数以及影响的用户组个数的角度检测出异常的用户，随后判断该用户与其所在组的适合度，当其与所在组的其他用户偏移较大时，判断其具有自恋型人格倾向；从 YouTube 上抓取用户对视频的评论，从用户的评论、用户所观看的视频列表以及视频文件本身的类别特征判断出用户对政府等执法部门的态度；从用户使用邮件的行为的角度，分析用户邮件内容关键词频率与行为间的关联，最终提出的自动语言分析系统，可以根据用户常用词频率的变化关联分析出用户心理因素的变化，绘制出反映用户神经质程度与职业选择的关系图，从用户的书面语言表达行为中，研究关键词计数特征以识别内部团队中的欺骗者。

2. 社会学领域分析

内部威胁领域中较早的社会学领域分析可以追溯到文献[18]的工作，研究人员从社会学与犯罪学领域提出了解释内部攻击者行为的几种理论。

① GDT 理论(General Deterrence Theory，一般威慑理论)：核心于在提高攻击者实施攻击的成本，如指定强安全访问策略、实时检测等。

② SBT 理论(Social Bond Theory，社会联系理论)：从内部攻击者的社会关系出发，若其周围许多人有违法犯罪的行为，那么该内部攻击者则比一般人更具有潜在威胁性。

③ TPB 理论(Theory of Planned Behavior，计划行为理论)：将内部人员的行为与动机分离，内部人员是否实施攻击取决于该行为如何被社会看待。

④ TSCP 理论(Theory of Situational Crime Prevention，情景犯罪预防)：内部威胁的构成需要同时具有动机和机会双重因素，因此预防内部威胁只需要去除内部人动机或攻击机会中的一个因素即可。该理论第一次从社会学的角度分析内部攻击者的行为动机，为分析内部攻击者的环境因素提供了帮助。文献[19]从组织的角度分析了导致员工不满的原因，分别从权力分配、程序公平的角度提出了“组织化公平”的概念，从组织资源分配不公平的角度解释了员工不满的原因。文献[20]将测谎结果、违反安全记录、财务、国外旅行或国外联系、物理设施访问、个人财务、材料转移、反情报、社会行为和通信方面的缺失或误导报告作为评测指标对内部人员进行了分析。

2.2.3 客观因素

客观因素主要从信息系统中内部人员的行为表现中体现，包括其在工作过程中的所有操作行为。具体内容包括内部人员运行的计算机命令、文件访问记录、USB等设备使用记录、HTTP(Hyper Text Transfer Protocol，超文本传输协议)上网日志、系统登录/登出、邮件收发等审计日志信息。通过这些信息可以建立用户的行为模型以检测内部威胁，其中的关键问题是用户行为痕迹采集与用户行为模型分析。

此外，文献[21]从其他角度出发，提出了内部人员具有犯罪倾向的潜在指标。

① 刻意标记：攻击者经常出于"发表声明"的心理需求而做出一些线上行为，由此产生的行为标记可作为关键指标。例如，某个员工可能会向他讨厌的上司发送匿名威胁信息。这可能会给攻击者带来某种程度的满足感，但同时也可能成为有关行凶者身份的线索。

② 有意义的错误：攻击者和其他人一样，在准备和实施攻击的过程中也会犯错误。例如，意图访问和复制特殊文件的人员，首先可能输入一个或多个拼写错误的复制命令，然后再尝试并成功。攻击者还会删除相关的日志文件和命令历史记录。然而，攻击者可能会忘记删除错误日志。通过查看错误日志，调查人员能够推断犯罪者试图做什么，以及确定犯罪者的身份。

③ 预备行为：发生在攻击准备阶段的行为。例如，攻击者可能会试图获取尽可能多的关于潜在受害者系统的信息。这样做，会使攻击者暴露意图。例如ping、nslookup、finger、whois、rwho等命令的使用只是许多潜在的预备行为类型中的一种。

④ 相关使用模式：计算机使用模式，从一个系统到另一个系统是一致的。这些模式可能在任何一个系统上都不明显，但它们在多个系统上发生的事实可以揭示潜在犯罪者的意图。例如，犯罪者可能在几十个系统上使用grep这样的命令来搜索包含特定单词的文件。

⑤ 言语行为：口头行为(口头或书面)可以表明攻击即将发生。例如向其他人发送的恶意邮件，或者对于提高权限的请求以及对于访问目前无权访问的计算机或文件的请求。

2.2.4 客观因素分析

客观因素分析主要包括异常检测、基于流程分析的检测以及态势感知。异常检测，即对异常行为的分析，是指通过建立用户正常行为模型，对比并检测出偏移该模型的异常行为。基于流程分析的检测是使用严格的流程方法来识别组织流程中可以成功发起内部攻击的地方。态势感知是指察觉到周围所发生的事情，并理解这些信息的含义，预测它们未来的状态。

1. 异常检测

异常检测的核心问题是建立用户正常行为模型，对比并检测出偏移该模型的异常行为。本节将主要从用户命令检测和审计日志检测两方面对用户的异常行为检测进行说明。

(1) 用户命令检测

用户命令检测的研究最早可见于文献[22]中的研究，该研究中，作者将UNIX系统用户的命令序列作为分析对象，分别计算相邻命令出现的概率以及新命令与历史记录的匹配程度来判断是否属于异常。

Shavlik 等[23]基于 Windows 2000 系统的 API(Application Programming Interface，应用程序编程接口)持续监视用户和系统行为，记录诸如过去 10 秒钟内传输的字节数，当前正在运行的程序以及 CPU(Central Processing Unit，中央处理器)负载等属性，每秒进行数百次测量和分析，提取了 1 500 个 Windows 系统属性特征以准确地刻画用户行为，并利用这些数据创建了一个模型，该模型代表每台特定计算机的正常行为范围。文献[24]设计了一个传感器来捕获系统级事件，例如进程创建，注册表项更改和文件系统操作。这些事件用于表示用户的独特行为特征，并通过 Fisher 特征选择过程优化其区分性。最终，使用这些功能为每个用户训练了一个高斯混合模型。

随着机器学习算法的发展，内部威胁检测中开始引入机器学习算法，如利用朴素贝叶斯方法、EM(Expectation-Maximum，期望最大化)算法、SVM(Support Vector Machines，支持向量机)算法等。其中 Maxion 等[25]将原本用于文本分类任务的朴素贝叶斯方法引入到内部威胁检测中，提高了伪装攻击的检测成功率。

(2) 审计日志检测

审计日志检测主要涉及命令外的其他用户操作，如系统登录/登出、文件访问、设备使用(如打印机、USB 等)、HTTP 访问以及邮件收发等记录，是用户系统/网络行为较为全面的反映。

不同类型审计数据之间的结合方式是重要的研究问题。简单拼接不同数据域的信息，会造成部分特征失效、模型训练复杂度过高以及模型过拟合等问题。文献[26]提出了利用分层体系结构实现跨多个级别的信息融合，以确保准确、可靠地检测来自异构数据的异常。该融合方法可以检测跨信息源中不一致的混合异常以及识别随时间变化的异常行为。

文献[27]提出基于区块链的内部威胁可追溯系统，可用于事后内部威胁审计。该研究从不同角度构建了内部网络的内部威胁模型，即内部攻击取证和防止内部攻击者逃脱，并且分析了为什么在内部威胁发生时难以跟踪攻击者并获取证据。该文献的作者从数据结构、交易结构、区块结构、共识算法、数据存储算法、查询算法等方面设计了区块链可追溯系统，并利用差分隐私来保护用户隐私。Pfleeger 等[28]提出了一个概念框架来模拟任意内部威胁，该框架针对组织、环境、系统和个人四个组成部分及其相互作用对风险进行了分析。

除了上述两个方面，文献[15]针对用户遍历文件系统时的文件顺序，建立了文件目录图与用户访问图存储表示文件访问行为，然后使用朴素贝叶斯分类器检测了文件访问行为的异常变化。文献[12]通过监视用于检测与一组网络协议相关联的网络活动，将检测到的活动生成信息使用事件，并根据生成的与网络用户相关的上下文信息处理信息使用事件，为网络用户生成警报和威胁评分。

不同于大多数异常检测使用有监督的学习方法，基于图方法的异常检测使用了无监督的学习方法。文献[29]在攻击树的基础上提出了关键挑战图。图顶点表示主机或服务器，边关系表示实体间通信，每个顶点标注其上的资源信息，如密码、数据等。用户访问形成一个关键挑战序列，可以计算单独分支的内部攻击成本。文献[30]在基于图形的数据中发现异常，使用 MDL(Minimum Description Length，最小描述长度)原理和概率方法，成功地发现了不同大小的图形和模式中的异常，使得检测准确率最小可以达到没有假阳性。

2. 基于流程分析的检测

传统的异常检测对动作本身进行分析以发现可疑或意外的模式，而流程分析不通过监控事件日志来识别发生的内部攻击，而是使用严格的、基于流程的方法来识别组织流程中可以成功发起内部攻击的地方。在知道这种攻击可能是如何发起的情况下，组织通常能够重组它们的流程，以减少它们遭受这种内部攻击的风险。

文献[31]中的研究是通过流程分析识别内部威胁的典型工作，该工作使用静态分析技术，如故障树分析和有限状态验证，来确定内部人员成功攻击流程的可能性。FTA(Fault Tree Analysis，故障树分析)是由上往下的演绎式失效分析法，利用布林逻辑组合低阶事件，分析系统中不希望出现的状态。有限状态验证是一种用于推断特定系统中部分或全部路径执行特征的技术。文献[31]中使用了 Little-JIL 可视化过程定义语言来模拟约洛县的选举过程，然后考虑对该过程进行可能的内部破坏攻击以及数据泄露攻击，再利用故障树分析和有限状态验证识别过程中的存在的攻击，最后对结果进行评估。该方法可以识别某些内部攻击的漏洞，但是分析时没有考虑过程中所有步骤的完全控制和数据依赖性。粗略的分析可能会检测到相同类型的攻击者被分配到一个割集中的步骤，并指出单个攻击者可能会破坏该过程。但是更精确的分析可能会表明，攻击者分配机制永远不会将相同的攻击者分配给这些步骤。这种分析需要考虑导致这些步骤的所有可能的过程执行。

基于流程分析的检测充分利用了流程活动结构的详细知识，以及不同类型的代理可以被分配来执行这些活动的方式。关注内部人员试图破坏流程的地方，包括违反流程所用数据的保密性、流程本身的完整性以及结果和流程的可用性等属性，而不是内部人员试图如何破坏它。通过对流程进行严格和正式的建模来寻找流程可能被中断的地方，然后使用故障树分析等技术来检查如何改善或防止中断。这种方法不是预测内部人员将如何攻击，而是确定内部人员可能破坏流程的点，并确定如何在可能的情况下防止这种破坏，如果不能防止，那么应当如何增加攻击者的成本。

3. 态势感知

态势感知是指察觉到周围所发生的事情，并理解这些信息的含义，预测它们未来的状态。这里“感知”通常是根据特定的工作或者目标所需要的重要信息来定义的。态势感知的概念一般应用于操作场景，在这些场景中人们总是出于某种特定的原因而使用态势感知，例如汽车驾驶、病人治疗等。

Endsley 态势感知模型[32]描述了态势感知是如何逐步实现的，如图 2-2 所示，它主要包含三个阶段：态势要素感知、态势理解、态势预测，这三个阶段是依次递进的。在态势感知的第一阶段，需要感知环境中的状态、属性以及动态元素，未能实现第一阶段意味着未能获取相关环境的相关信息。在第二阶段，人们对所获取的信息进行处理和理解，未能实现第二阶段意味着未能理解感知的内容。在达到第二阶段时，更好的态势感知能力，意味着相比仅能从屏幕上读取数据而不知其意的人，人们能够意识到传入信息的内在含义，以及它对目标的重要性。当一个人能够推断出在环境中感知到的事物的含义时，就达到了态势感知的第三阶段，基于对某一情境要素之间因果关系的理解来预测接下来将发生什么。Endsley 模型将态势感知描述为发生在决策环境中的一种现象，因为它认为态势感知是有目的或目标导向的，而目标构成了动态环境中大多数决策的基础。

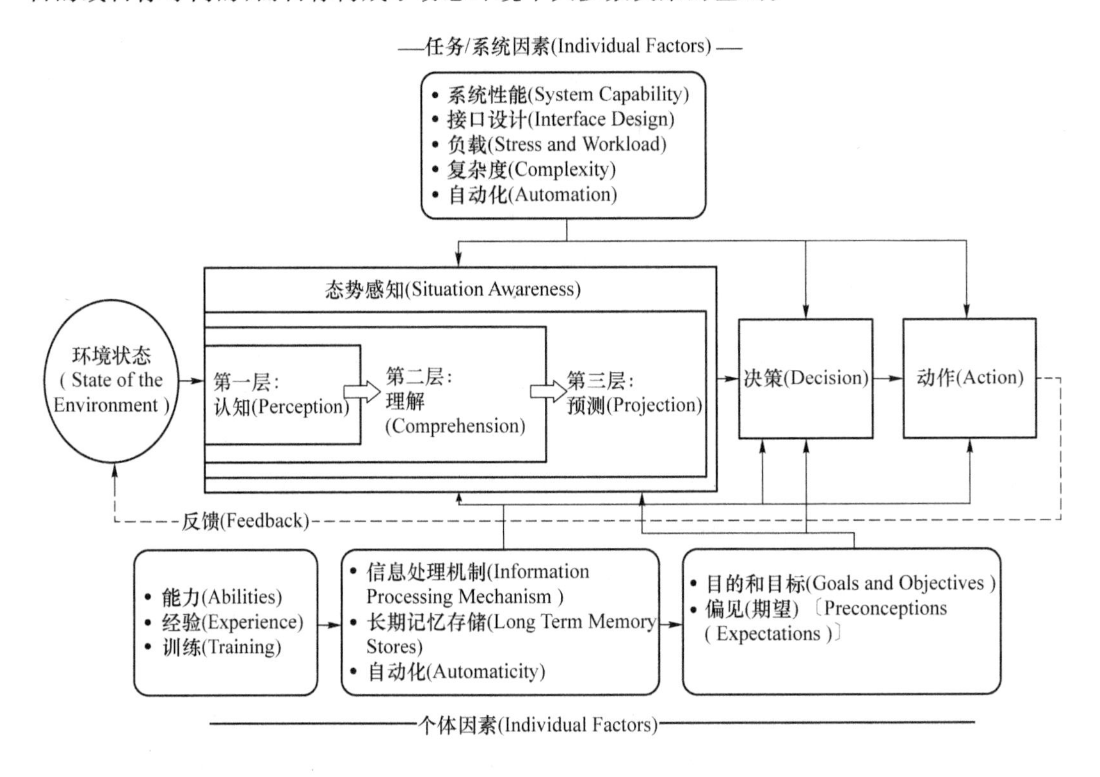

图 2-2　Endsley 态势感知模型

网络安全态势感知体系中主要包括态势察觉、态势理解、态势评估和态势预测四个方面。下面分别对这四个方面进行介绍。

（1）态势察觉

态势察觉主要是指态势采集的过程，通过各种检测工具，对各种影响系统安全性的要素进行检测与采集。一般采集的数据主要包括：①网络安全防护系统的数据，如防火墙、IDS(Intrusion Detection Systems，入侵检测系统)、WAF(Web Application Firewall，网站应用防火墙)、网络安全审计系统等设备的日志或告警数据；②重要服务器和主机的数据，如服务器安全日志、进程调用、文件访问等信息；③漏洞数据，如基于主动的漏洞评估，渗透测试发现的漏洞数据；④直接的威胁感知数据，如蜜罐诱捕的网络攻击数据等。

（2）态势理解

态势理解是对网络安全要素数据以分类、归并、关联分析等手段进行处理融合，对融合的信息进行综合分析，得出影响网络安全的整体安全状况。具体的处理过程分为如下几步：①分析原始安全数据，将安全数据归类为资产数据、威胁数据和脆弱性数据，不考虑数据类别之间的关系;②去除重复冗余信息,合并同类信息,修正错误信息,得到规范化的资产数据集、威胁数据集和脆弱性数据集;③将资产数据集、威胁数据集和脆弱性数据集相关联,综合分析得到安全事件数据集。

(3) 态势评估

态势评估是指定性、定量分析网络当前的安全状态和薄弱环节,并给出相应的应对措施,也是网络安全态势感知的核心,由专题评估、要素评估、整天评估三个层次构成。

(4) 态势预测

态势预测指通过态势评估输出的数据,预测网络安全状况的发展趋势,这一步是态势感知的目标。在全面获取网络威胁相关状态数据的前提下,设定不同的场景和条件,根据网络安全的历史和当前状态信息,建立符合网络及业务场景的分析模型。安全态势预测的目标不是产生准确的预警信息,而是将预测结果用于决策分析和支持,特别是对网络攻防对抗的支持。

2.2.5 风险分析数据集

内部攻击难以被检测的原因之一就是没有足够的数据用于建模和测试模型的有效性。Glasser 和 Lindauer 在文献[33]中指出,虽然已经发生了很多内部攻击事件,但是企业一般不愿意将内部攻击的有关数据分享到学术界,因为企业需要考虑法律、商业等相关因素。为了能够研究内部威胁的防御技术,研究人员通过综合考虑内部攻击的关键因素,例如组织结构、用户心理和个性等,生成了内部威胁的相关数据。

审计数据在评价内部威胁防御的解决方案的有效性方面起着重要的作用。如果没有适当的审计数据源,无论采用什么分析技术,我们都不能得到一个有效的结果。现有研究表明[34],在设计基于异常的入侵检测系统时,基于主机和基于网络的数据源是最流行的两类数据源。典型的基于主机的数据源包括系统调用、Unix shell 命令、键盘和鼠标动作,以及对程序、用户或主机的行为分析所适用的各种主机日志。网络流量和日志是基于网络的数据源中最常见的例子,可以从中提取到用于对用户建模的任何信息:主机、IP 地址(Internet Protocal Address,互联网协议地址)、TCP(Transimission Control Protocol,传输控制协议)流等[35]。除上述两类数据源外,上下文数据源被视为第三类数据源,旨在提供上下文信息,如 HR(Human Resources,人力资源)和关于用户的心理数据。上下文数据源在进行意图分析和验证传统分析方法所报告的可疑行为方面已经显示了巨大的潜力[36,37]。

1. 基于主机的数据源

基于主机的数据源使用的是从每台主机(计算机)收集的数据,从操作系统低级数据(如系统调用)到应用程序级数据(如 shell 命令行、击键/鼠标动态、* nix syslog、Windows 事件日志等)。这些数据源能够反映主机的行为以及人类用户与主机的交互行为。因此,它们可以在解决内部威胁方面得到广泛的应用。

当计算机程序向操作系统的内核请求服务时,就会产生系统调用,这些服务主要用于管理和访问计算机的硬件或内核级资源,如中央处理器、内存、存储、网络和进程。目前,有许多不同的方法来收集系统调用，如 * nix 操作系统的内置审计系统（auditd 守护程序）或 strace/ptrace 程序。通过运行不同的程序，可以分析并捕获系统调用，以识别广泛的网络安全威胁。例如，分析一个特权进程是如何被执行已经被证明对检测入侵和恶意软件是有效的。此外，对特定文件操作的系统调用的调查能够发现试图访问受保护数据的恶意内部人员。

命令和击键/鼠标动态数据能够表现出用户如何操作主机。命令通常以序列的形式存在，而击键/鼠标动力学需要一个专门的模型来描述它们的特征[38]。由于隐私问题，收集用户的输入数据并不容易，这取决于目标主机上是否有内置命令记录器或第三方命令/击键/鼠标记录器。由于这类数据源包含的信息能够从行为生物统计学的角度识别真正的用户，因此它们最适合检测伪装者。

操作系统的内置日志记录功能可以用来记录各种系统事件，如身份验证、系统守护程序全面监控、内核消息、进程、策略更改等。根据操作系统的类型，实际上它们分别被称为 * nix syslog 和 Windows 事件日志。尽管有时这样的日志由于大量重复的条目而冗长，但是其中包含的信息仍然值得检查。例如，异常长的身份验证失败序列可能表示暴力密码攻击。然而，由于极度的冗余和复杂性，原始日志确实不能非常有效地反映受破坏的迹象。一种可能的解决方案是花费一些精力来处理原始日志和提取特征，以应对某种类型的网络安全威胁。相反，也可以重新设计日志记录功能，只收集特定的目标威胁信息，例如，针对恶意的内部人士，RUU 记录器是专门为处理进程、注册表和文件操作相关的系统事件而定制的[39]。

2. 基于网络的数据源

路由器、交换机、负载平衡器和防火墙等网络核心设备都有能力收集经过的网络流量，传统上，这些流量被认为是检测入侵的主要审计数据源。此外，部署在网络中的正常运行的服务器，如代理、DHCP（Dynamic Host Configuration Protocol，动态主机配置协议）、DNS（Domain Name System，域名系统）、Active Directory（活动目录）和电子邮件，可以配置其内置日志记录功能，以日志的形式生成额外的审计数据源。研究已经发现，此类网络日志在解决内部威胁方面具有巨大的潜力[40,41]。

网络流量是指在给定时间点通过网络传输的数据。在计算机网络中，大部分数据被封装在数据包中。网络流量的数据采集有三大技术类别：①NetFlow（流量分析），如“Cisco NetFlow”和“sFlow”；②SNMP（Simple Network Management Protocol，简单网络管理协议），如“MRTG”和“Cricket”；③Packet sniffer（数据包嗅探器），如“snoop”和“tcpdump”。理论上，所有网络行为和通信模式都可以通过解析不同的数据包报头字段（如源和目标 IP 地址、协议、源和目标端口以及字节）从网络流量中重构出来。一些相关的分析技术可以用来立即处理网络安全威胁。例如，当将两个实体（主机和域名）之间发生的流量序列建模为时间序列时，可以用回归分析来识别异常流量。但是实际上，异常流量会显著偏离其期望值。

在某些情况下，网络日志可以作为网络流量的替代数据源。特定类型的网络日志通常仅代表特定的应用层协议或功能。例如，从 Windows 域控制器收集的广告日志仅记录关于用户登录/关闭、权限检查等的事件。因此，网络日志通常更加格式化和结构化，对信息检索的要求更低。此外，大多数基于网络流量的分析技术只需稍加修改就可以重新用于分析网络日志。总体而言，基于网络日志的分析在应对网络安全威胁方面发挥着越来越重要的作用。

3. 上下文数据源

除了传统的主机和网络数据外，越来越多的研究人员关注并探索上下文数据，上下文数据在减少假阳例和训练模型所需的时间方面有着显著的优势。上下文数据是指那些提供关于人类用户的上下文信息数据，如人力资源数据和心理数据。在调研的文献中，一般认为可以通过上下文数据很好地捕获用户的恶意意图。通常，人力资源数据可以从员工目录或特定的 ERP (Enterprise Resource Planning，企业资源计划）系统中获取[42]，该系统可以显示与雇佣相关的信息，如雇佣类型、合同剩余年限、剩余休假天数、职位名称、薪资范围、参与的项目、出差记录、绩效评估等。例如，如果从人力资源数据中发现一段时间以来，一名雇员的工资增长/晋升停滞不前，这表明该员工采取恶意行为的风险增加了。一般来说，心理数据不能从系统中立即得到。这一数据的收集需要一个专门设计的心理分析过程来衡量员工的心理变化，一般可以分析以下数据：问卷调查数据、社交媒体帖子和活动、社交媒体动态。在直觉上，情绪不稳定或因失望、愤怒、压力而精神失常的员工更有可能对组织采取非理性的行动。

下面具体介绍几个使用上下文数据源分析内部威胁风险的代表性方法。

(1) HR 数据

首先介绍两个代表性的方法以展示如何利用人力资源数据。一般来说，在一个组织中很容易访问到包含相关雇佣信息的人力资源数据，而组织内部通常对员工的行为设置了一些限制，这些限制和数据是用于行为分析的关键信息。

对抗内部威胁的潜在信息利用系统(Exploit Latent Information to Counter Insider Threats)是基于“need to know”原则提出的，该原则利用了网络流量和上下文数据。简而言之，该系统旨在识别那些滥用职权的内部人士，这些职权不在其职责范围内，因此这些人违反了“need to know”的原则。分析人员可以使用一系列协议解码器从网络流量中生成事件信息，将从员工目录(如姓名、办公室位置、工作描述、资历和项目)收集的上下文数据定期合并到这些解码器中。使用一些手工编码的规则和基于 KDE(Kernel Density Estimation，核密度估计)算法作为子检测器将上下文数据事件分别归类到具体用户。最后，通过贝叶斯网络为每个用户生成一个威胁评分，该网络聚合了由子检测器触发的所有警报。Nance 和 Marty[43]引入了一种基于图的方案来检测内部威胁，其基本思想是根据用户的工作组角色将用户的正常行为映射为二部图。从各种应用程序和操作系统日志的单个或聚合条目中获得大量历史信息，这些信息表示每个工作组角色的正常和预期行为。一旦用户根据其工作组角色进行了超出范围的行为，就会触发警报。

(2) 心理学数据

心理数据不像人力资源数据易于得到,但它们对意图分析非常有用。从情绪的角度来看,可靠的心理数据能很好地反映员工对组织的感觉和态度,因此,可以被视为解决内部威胁的一种补充信息。

Kandias 等的方案[44]尝试将传统的基于主机的分析与心理分析相结合,有望减少检测内部威胁时的假阳性率。基于系统调用的分析与 IDS 和蜜罐结合来分析计算机的使用情况,而心理分析是通过使用专门设计的问卷来获得的,该问卷揭示了用户的目前倾向和压力水平。在基于主机的分析中,当用户的行为可疑时,方案将从相关的心理配置文件中寻求确认。这是通过三因素(动机、机会和能力)分析来实现的,其中每个因素的得分(低,1~2;中,3~4;高,5~6)被用于量化产生恶意行为的可能性。最终的决定可以通过一个简单的评分机制做出,即分配的分数之和是否大于 8。CHAMPION(Columnar Hierarchical Auto-associative Memory Processing In Ontology Networks)作为一个概念框架被提出,用来主动预防内部威胁[9]。该框架的目的是通过对用户的意图、能力和机会进行分析(类似于三因素分析),提前警告恶意行为,而不是等到发现明确的损害迹象时才做出反应。网络和基于主机的分析被用于检测任何违反政策的行为和不寻常的访问模式,并从人力资源和心理数据中提取明确的“人为因素”,如某些人格特征和反生产工作行为(或高风险员工)之间的相关性。综上所述,CHAMPION 能够以高准确性及时识别出恶意内部人员。Brdiczka 等[45]提出采用 SAD(Structure Anomaly Detection,结构异常检测)从社交网络和信息网络中发现异常,特别是对用户在电子邮件通信、社交网络、网页浏览等方面进行建模,用序列贝叶斯算法捕获在图的每个节点上发生的动态,然后,通过意图分析,利用心理剖析来消除误报,提取动机、个性和情绪状态三个特征,使用用户的行为和心理特征生成针对用户恶意程度的威胁评分。

2.3 风险分析模型

对于内部威胁的风险分析模型目前已经有了许多的研究,本章从三个不同的方面各列出一个具有代表性的模型用以说明。其中第一个模型偏向于主观因素的分析,第二个模型将内部人员看作系统的一部分整体分析,第三个模型则偏向于对客观因素的分析。

1. 攻击过程模型

文献[12]利用扎根理论结合主客观因素对攻击过程进行了描述,该文献中的研究所设计的用于描述攻击过程的框架主要由四个组件组成,分别为攻击催化剂、攻击者特征(潜在内部威胁的特征)、攻击特征和组织特征,如图 2-3 所示。这四个组件分为以下几个部分:理解攻击倾向、观察受信任人员的行为、攻击者/内部人员、剖析攻击和遭受攻击的资产及其漏洞。

在该研究中,研究人员提出了八个描述个人攻击倾向的关键因素:诱发事件或催化剂、人格特征、历史行为、心理状态、对工作的态度、技能、机会和攻击动机。观察受信任人员的行为即观察内部人员的语言、动作等外部身体行为和在计算机系统中留下的痕迹。在对攻击者/内部人员分析时着重强调了已被授权的处于合作关系的第三方人员的危害。在剖析攻击阶段,确定了如下的攻击步骤:①收集情报;②招募共犯;③获取受限数据;④过滤数据;⑤掩盖痕迹。遭受攻击的资产即为攻击的目标,漏洞即为攻击者可以利用的条件。

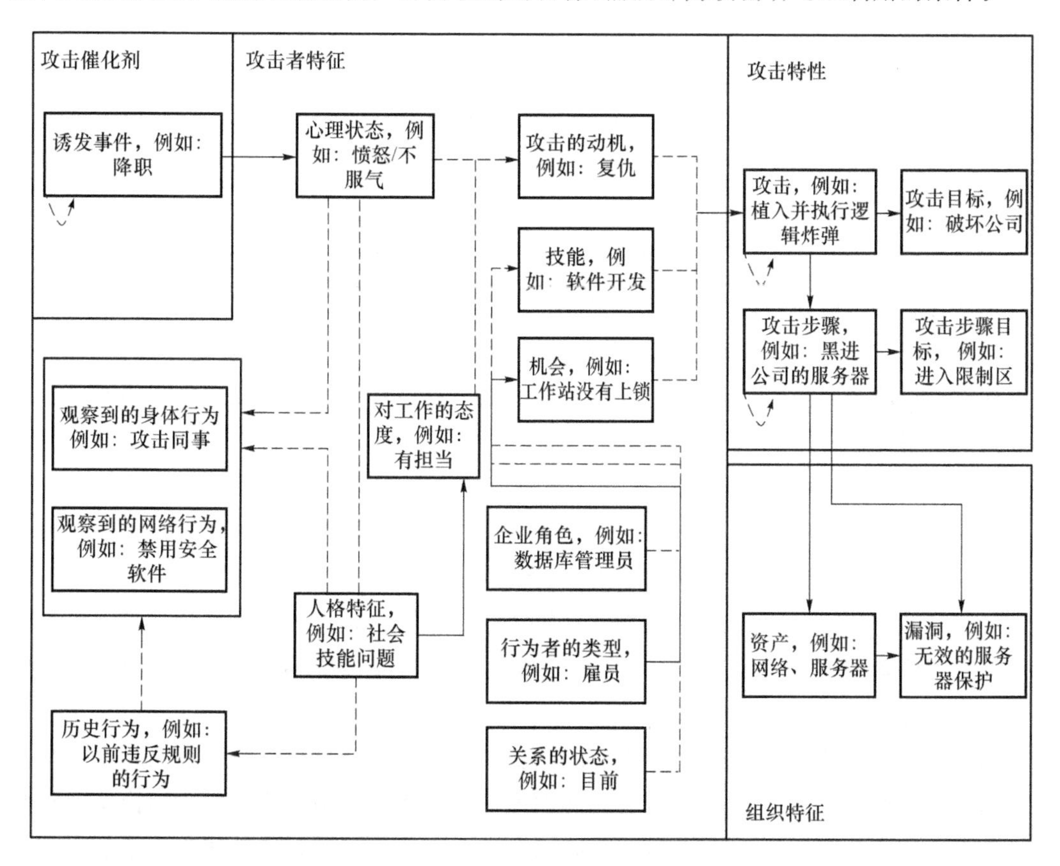

图 2-3 描述攻击过程的框架

以上描述的各种元素和关系能够将诱发事件、人格特征(和素质)、行为(历史和当前)、企业状态和角色、攻击(及其详细步骤和目标)和目标资产集合在一起,组成如图 2-3 所示的框架。

2. 系统动力学模型

系统动力学(system dynamics)运用"凡系统必有结构,系统结构决定系统功能"的系统科学思想,根据系统内部组成要素互为因果的反馈特点,从系统的内部结构来寻找问题发生的根源,而不是用外部的干扰或随机事件来说明系统的行为性质。系统动力学对问题的理解,是基于系统行为与内在机制间的相互紧密的依赖关系,并且通过数学模型的建立与操作的过程而获得的,逐步发掘出产生变化形态的因果关系,系统动力学称之为结构。所谓结构是指一组环环相扣的行动或决策规则所构成的网络,例如指导组织成员每日行动与决策的一组相互关联的准则、惯例或政策,这一组结构决定了组织行为的特性。因此,系统动力学使我们能够分析包含各种因果关系的复杂系统。

基于系统的方法认为问题不仅仅是检测，而是考虑所有业务活动。它将整个组织视为一个系统，该系统不仅包括防范内部威胁的要素，还包括影响内部人员的特征、动机和能力的要素。

文献[46]中的研究使用系统动力学方法开发了一个员工生命周期模型，作为调查组织内部威胁演变的一种手段，该模型提供了一种方法，用于了解组织针对内部威胁的总体安全态势所提供的当前保护级别，并且用于在配置时识别该系统中的任何主要不足之处。

图 2-4(a)(图中上半部分)展示了员工生命周期的系统动力学模型。方框代表员工所在的各种组，是系统的状态变量。箭头代表员工进入、通过并最终离开系统的流量。在图 2-4(a)中，标记为“雇佣”的箭头代表新员工进入组织的流动。

新雇佣的员工流入三个未被批准的组，直到组织批准或拒绝对他们的信任。获得许可的员工迁移到右边的一列，组织认为这些员工值得信任，他们可以访问受保护的信息。到达右边两个组的员工成功地引起了组织对他们行为的怀疑。假设有足够的管理控制，他们对受保护信息的访问会受到适当的限制，这些员工可能会重新得到信任或离开组织。顶层代表真正值得信任的员工。中间层代表有风险的员工，例如有生活压力或心理状态有问题的员工，这可能导致他们考虑恶意活动。底层代表恶意内部人员的组。

大多数员工在被雇佣时都被认为是值得信任的。他们职业生涯的大部分时间都是作为值得信赖的员工度过的(中间列，上层)。最令人担忧的是身份不明的高风险员工(中间列，中间层)，这些是被组织视为可信任的、有权访问受保护信息的被批准的员工。他们可能会在引起怀疑和被识别为安全风险之前成为恶意的内部人员，可以访问受保护的信息，并会进行恶意活动，直到被检测到。

图 2-4(b)(图中下半部分)提供了一个信息访问的初始模型，该模型表示员工如何根据工作需要合法访问受保护的信息，或者恶意内部人员如何非法访问受保护的信息。该模型可以用来评估组织内部威胁是如何演变的，以及什么样的保护措施和操作程序能够最有效地减少这种威胁。

3. 隐马尔可夫模型

隐马尔可夫模型从马尔可夫模型衍生而来。隐马尔可夫模型的状态是不可见的，可见的观察值是模型隐含状态的外在体现。设模型的状态集合 $S=\{S_1,S_2,\cdots,S_N\}$，在 t 时刻模型的状态 $q_t\in S$；观测事件集合 $V=\{V_1,V_2,\cdots,V_M\}$，在 t 时刻模型的观察值 $o_t\in V$。图 2-5 概述了一个隐马尔可夫模型。

系统调用轨迹是一组时变的离散时间数据序列，而隐马尔可夫模型是描述离散时间的数据样本序列的一种强有力的统计工具，具有处理非线性时变信号的能力，所以可以用它来描述程序正常运行时局部系统调用之间存在的统计规律。

在实际应用中，传统的隐马尔可夫模型评估问题的解法存在利用滑动窗口将观测事件序列经过放大处理导致误报率偏高的缺陷。文献[47]提出了一种利用捕获的 Windows Native API 建立程序正常行为轮廓库，从而检测内部威胁的方法。Native API 是与 Windows 系统相关的系统调用，该 API 封装在 Ntdll. DLL 中。Ntdll. DLL 是一个操作系

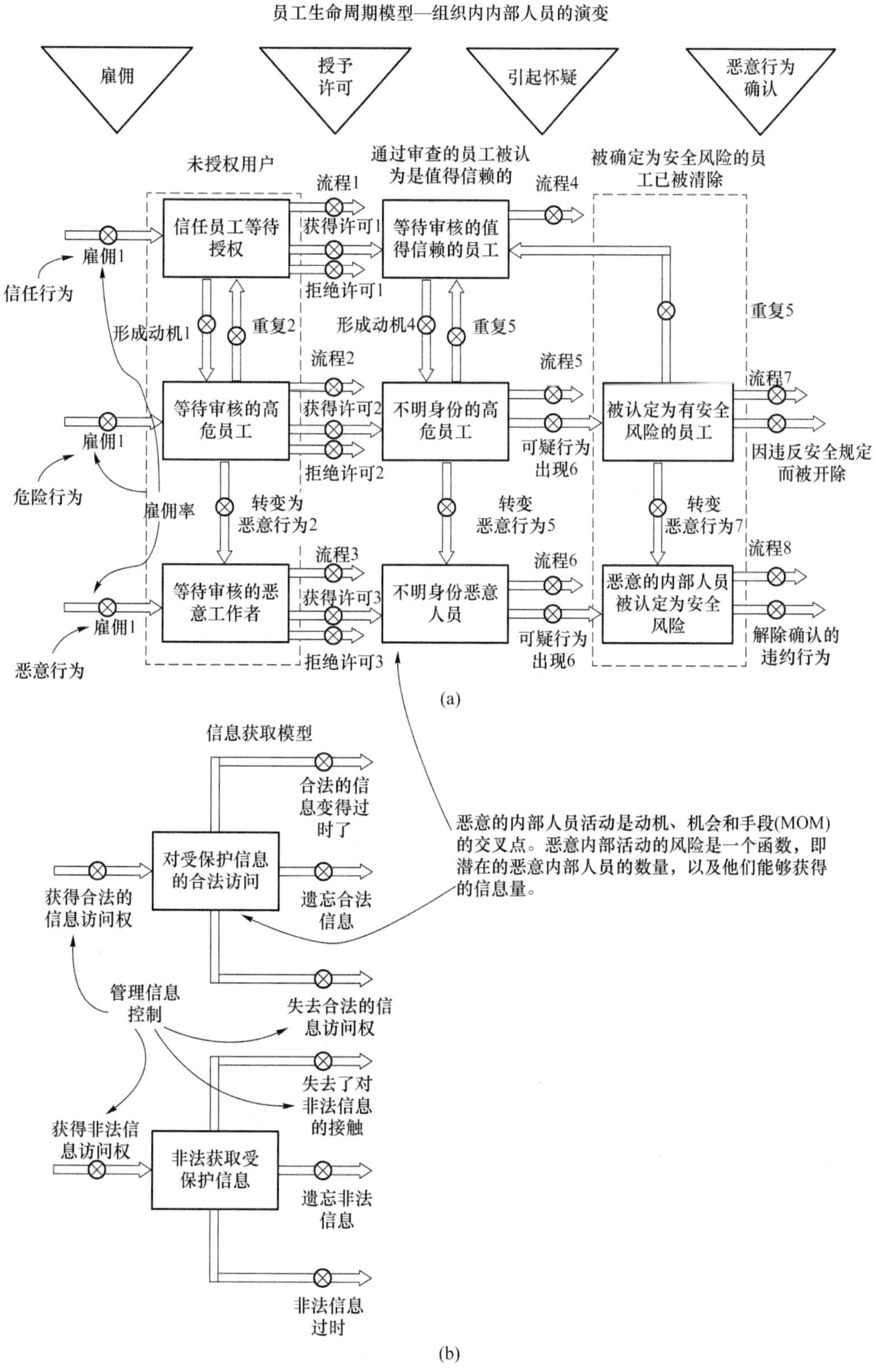

员工生命周期模型—组织内内部人员的演变
雇佣
授予许可
引起怀疑
恶意行为确认
未授权用户
通过审查的员工被认为是值得信赖的
被确定为安全风险的员工已被清除
流程1
流程4
信任员工等待授权
获得许可1
等待审核的值得信赖的员工
拒绝许可1
雇佣1
信任行为
形成动机1
重复2
形成动机4
重复5
重复5
流程2
流程5
流程7
等待审核的高危员工
获得许可2
不明身份的高危员工
被认定为有安全风险的员工
拒绝许可2
可疑行为出现6
因违反安全规定而被开除
危险行为
雇佣率
转变为恶意行为2
转变恶意行为5
转变恶意行为7
流程3
流程6
流程8
等待审核的恶意工作者
获得许可3
不明身份恶意人员
恶意的内部人员被认定为安全风险
拒绝许可3
可疑行为出现6
解除确认的违约行为
恶意行为
(a)
信息获取模型
合法的信息变得过时了
对受保护信息的合法访问
获得合法的信息访问权
遗忘合法信息
恶意的内部人员活动是动机、机会和手段(MOM)的交叉点。恶意内部活动的风险是一个函数，即潜在的恶意内部人员的数量，以及他们能够获得的信息量。
管理信息控制
失去合法的信息访问权
失去了对非法信息的接触
获得非法信息访问权
非法获取受保护信息
遗忘非法信息
非法信息过时
(b)

图 2-4　系统动力学模型

统组件，它为 Native API 准确地提供服务，是 Native API 在用户模式下的前端，Native API 真正的接口是在 Ntoskrnl. EXE 中实现的。该研究通过修改中断描述符表来截获程序的 Native API。选取模型的状态数为 10，状态集合表示为 $S=\{S_1,S_2,\cdots,S_{10}\}$。将 Windows Native API 函数作为观测对象，观测事件总数即为系统的 Native API 函数的数目，它们构成了全部的观测事件集合。在初始化时，将出现频率较高的系统调用的概率值调高，出现频率较低的系统调用的概率值调低，用期望值最大化算法训练模型。模型的隐含状态序列能比系统调用序列更加稳定地反映出程序的运行情况。然后把程序正常运行时的系统调用序列代入模型，求出其对应的最佳状态转移序列，通过滑动窗口得到正常状态转移向量集合，去掉其中的重复值，就构成了程序的正常轮廓库。检测过程得到最佳状态转移序列的不匹配率，它能够反映程序运行是否出现异常。不匹配率越低，则说明程序越接近正常的行为模式；而不匹配率越高，说明程序的异常偏离程度越大。

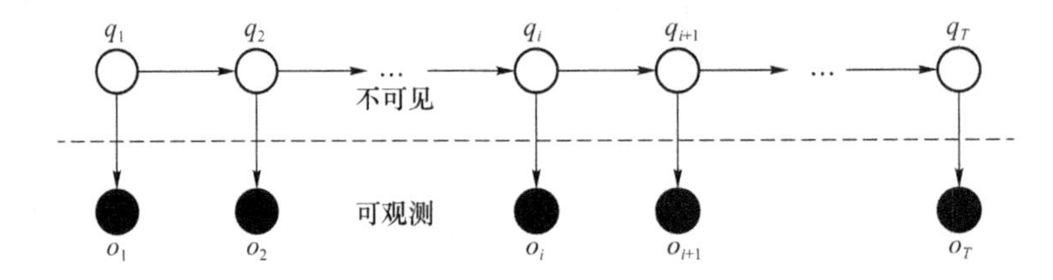

图 2-5　隐马尔可夫模型

参 考 文 献

[1] AZARIA A, RICHARDSON A, KRAUS S, et al. Behavioral analysis of insider threat: A survey and bootstrapped prediction in imbalanced data [J]. IEEE Transactions on Computational Social Systems, 2014, 1(2): 135-155.

[2] COLE E, RING S. Insider threat: Protecting the enterprise from sabotage, spying, and theft[M]. Amsterdam: Elsevier Science & Technology Books, 2005.

[3] PARKER D B. Fighting computer crime: A new framework for protecting information [M]. John Wiley & Sons, Inc. , 1998.

[4] WOOD B, An insider threat model for adversary simulation. Research on Mitigating the Insider Threat to Information Systems, SRI Int. 2 (2000), 1-3.

[5] FRANK S. Can S. K. R. A. M. Support Quantified Risk Analysis of Computer Related Crime?, In Partial Fulfillment of the Requirements in the Honors Research Class at the Rochester Institute of Technology, 2003.

[6] THOMPSON P. Weak models for insider threat detection [C]//Sensors, and Command, Control, Communications, and Intelligence (C3I) Technologies for Homeland Security and Homeland Defense III. Orlando, Florida, USA: SPIE,

2004, 5403: 40-48.

[7] SHAW E, RUBY K, POST J. The insider threat to information systems: The psychology of the dangerous insider[J]. Security Awareness Bulletin, 1998, 1(2):1-10.

[8] FARAHMAND F, SPAFFORD E H. Insider behavior: an analysis of decision under risk[C]//Proceedings of the 1st international workshop on Managing Insider Security Threats (MIST 2009). Dallas Texas USA: ACM, 2009: 22.

[9] GREITZER F L, HOHIMER R E. Modeling human behavior to anticipate insider attacks[J]. Journal of Strategic Security, 2011, 4(2): 25-48.

[10] FRIEDMAN N, GEIGER D, GOLDSZMITDT M. Bayesian network classifiers [J]. Machine learning, 1997, 29:131-163.

[11] GREITZER F L, KANGAS L J, NOONAN C F, et al. Identifying at-risk employees: Modeling psychosocial precursors of potential insider threats[C]//2012 45th Hawaii International Conference on System Sciences. Wailea, Maui, Hawaii: IEEE, 2012: 2392-2401.

[12] NURSE J R C, BUCKLEY O, LEGG P A, et al. Understanding insider threat: A framework for characterising attacks [C]//2014 IEEE security and privacy workshops. San Jose, California, USA: IEEE, 2014: 214-228.

[13] HASHEM Y, TAKABI H, GHASEMIGOL M, et al. Inside the Mind of the Insider: Towards Insider Threat Detection Using Psychophysiological Signals[J]. Journal of Internet Services and Information Security (JISIS), 2016, 6(1): 20-36.

[14] TAUSCZIK Y R, PENNEBAKER J W. The psychological meaning of words: LIWC and computerized text analysis methods[J]. Journal of language and social psychology, 2010, 29(1): 24-54.

[15] BROWN C R, WATKINS A, GREITZER F L. Predicting Insider Threat Risks through Linguistic Analysis of Electronic Communication [C]// Hawaii International Conference on System Sciences, IEEE, 2013.

[16] LEACH J . Improving user security behaviour[J]. Computers & Security, 2003, 22(8): 685-692.

[17] CHEN Y, NYEMBA S, ZHANG W, et al. Leveraging social networks to detect anomalous insider actions in collaborative environments[C]//Proceedings of 2011 IEEE International Conference on Intelligence and Security Informatics. Beijing, China: IEEE, 2011: 119-124.

[18] THEOHARIDOU M, KOKOLAKIS S, KARYDA M, et al. The insider threat to information systems and the effectiveness of ISO17799[J]. Computers & Security, 2005, 24(6): 472-484.

[19] RAGOWSKY A, SOMERS T M. Enterprise resource planning[J]. Journal of

Management Information Systems, 2002, 19(1): 11-15.

[20] MAYBURY M, CHASE P, CHEIKES B, et al. Analysis and detection of malicious insiders[R]. MITRE CORP BEDFORD MA, 2005.

[21] SCHULTZ E E. A framework for understanding and predicting insider attacks[J]. Computers & security, 2002, 21(6): 526-531.

[22] DAVISON B, HIRSH H. Predicting sequences of user actions [C]// AAAI/ICML 1998 Workshop on Predicting the Future Ai Appreaches to Timeseries Analysis, Madison, Wisconsin: ACM, 1998:5-13.

[23] SHAVLIK J, SHAVLIK M. Selection, combination, and evaluation of effective software sensors for detecting abnormal computer usage[C]//Proceedings of the tenth ACM SIGKDD international conference on Knowledge discovery and data mining. Seattle, Washington, U. S. A: ACM, 2004: 276-285.

[24] SONG Y B, SALEM M B, HERSHKOP S, et al. System level user behavior biometrics using Fisher features and Gaussian mixture models[C]//2013 IEEE Security and Privacy Workshops. San Francisco, California, USA: IEEE, 2013: 52-59.

[25] MAXION R A, TOWNSEND T N. Masquerade detection using truncated command lines[C]//Proceedings international conference on dependable systems and networks. Washington, DC, USAI:EEE, 2002: 219-228.

[26] ELDARDIRY H, SRICHARAN K, LIU J, et al. Multi-source fusion for anomaly detection: using across-domain and across-time peer-group consistency checks[J]. J. Wirel. Mob. Networks Ubiquitous Comput. Dependable Appl. , 2014, 5(2): 39-58.

[27] HU T, XIN B Z, LIU X L, et al. Tracking the insider attacker: A blockchain traceability system for insider threats[J]. Sensors, 2020, 20(18): 5297.

[28] PFLEEGER S L, PREDD J B, HUNKER J, et al. Insiders Behaving Badly: Addressing Bad Actors and Their Actions[J]. IEEE Transactions on Information Forensics & Security, 2010, 5(1):169-179.

[29] CHINCHANI R, IYER A, NGO H Q, et al. Towards a theory of insider threat assessment [C]//2005 International Conference on Dependable Systems and Networks (DSN'05). Yokohama, Japan: IEEE, 2005: 108-117.

[30] EBERLE W, GRAVES J, HOLDER L. Insider threat detection using a graph-based approach[J]. Journal of Applied Security Research, 2010, 6(1): 32-81.

[31] BISHOP M, CONBOY H M, PHAN H, et al. Insider threat identification by process analysis[C]//2014 IEEE Security and Privacy Workshops. San Jose, California: IEEE, 2014: 251-264.

[32] ENDSLEY M R. Toward a theory of situation awareness in dynamic systems. Human Factors, 1995. 37(1), 32-64.

[33] GLASSER J, LINDAUER B. Bridging the gap: A pragmatic approach to generating insider threat data[C]//2013 IEEE Security and Privacy Workshops. San Francisco, California, USA: IEEE, 2013: 98-104.

[34] CHANDOLA V, BANERJEE A, KUMAR V. Anomaly detection: A survey[J]. ACM computing surveys (CSUR), 2009, 41(3): 1-58.

[35] WEN S, HAGHIGHI M S, CHEN C, et al. A sword with two edges: Propagation studies on both positive and negative information in online social networks[J]. IEEE Transactions on Computers, 2014, 64(3): 640-653.

[36] KANDIAS M, MYLONAS A, VIRVILIS N, et al. An insider threat prediction model[C]//Trust, Privacy and Security in Digital Business: 7th International Conference, TrustBus 2010, Bilbao, Spain, August 30-31, 2010. Proceedings 7. Springer Berlin Heidelberg, 2010: 26-37.

[37] BRDICZKA O, LIU J, PRICE B, et al. Proactive insider threat detection through graph learning and psychological context[C]//2012 IEEE Symposium on Security and Privacy Workshops. San Francisco, California, USA: IEEE, 2012: 142-149.

[38] AHMED A A E, TRAORE I. Anomaly intrusion detection based on biometrics [C]//Proceedings from the Sixth Annual IEEE SMC Information Assurance Workshop. West Point, New York: IEEE, 2005: 452-453.

[39] SENATOR T E, GOLDBERG H G, MEMORY A, et al. Detecting insider threats in a real corporate database of computer usage activity[C]//Proceedings of the 19th ACM SIGKDD international conference on Knowledge discovery and data mining. Chicago Illinois USA: ACM, 2013: 1393-1401.

[40] YOUNG W T, GOLDBERG H G, MEMORY A, et al. Use of domain knowledge to detect insider threats in computer activities[C]//2013 IEEE Security and Privacy Workshops. California, USA:IEEE, 2013: 60-67.

[41] YEN T F, OPREA A, ONARLIOGLU K, et al. Beehive: Large-scale log analysis for detecting suspicious activity in enterprise networks[C]//Proceedings of the 29th annual computer security applications conference. New Orleans Louisiana USA: ACM, 2013: 199-208.

[42] ARIK RAGOWSKY T M S. Enterprise resource planning [J]. Journal of Management Information Systems, 2002, 19(1): 11-15.

[43] NANCE K, MARTY R. Identifying and visualizing the malicious insider threat using bipartite graphs[C]//2011 44th Hawaii International Conference on System Sciences. Koloa, Kauai, Hawaii: IEEE, 2011: 1-9.

[44] KANDIAS M, MYLONAS A, VIRVILIS N, et al. An insider threat prediction model[C]//Trust, Privacy and Security in Digital Business: 7th International Conference, TrustBus 2010, Bilbao, Spain, August 30-31, 2010. Proceedings 7. Springer Berlin Heidelberg, 2010: 26-37.

[45] BRDICZKA O, LIU J, PRICE B, et al. Proactive insider threat detection through graph learning and psychological context[C]//2012 IEEE Symposium on Security and Privacy Workshops. San Francisco, California, USA: IEEE, 2012: 142-149.

[46] DURAN F, CONRAD S H, CONRAD G N, et al. Building a system for insider security[J]. IEEE Security & Privacy, 2009, 7(6): 30-38.

[47] 黄铁，张奋. 基于隐马尔可夫模型的内部威胁检测方法[J]. 计算机工程与设计，2010(5): 965-968.

第3章 数据泄露

专业信息安全机构Securonix发布的2020内部威胁报告调查了制药企业、金融机构、信息科技公司以及天然气和石油公司等不同垂直行业的企业、机构、公司，对其发生的300起内部威胁事件进行了深入研究，研究发现，数据泄露仍然是最常见的内部威胁，主要由企业雇员和承包商引起，随后是特权账户滥用[1]。

针对内部威胁的相关研究已经有几十年的历史，目前的研究已经相对比较成熟，而且随着网络环境的日益变化，不断有新的技术被提出来用以解决新的问题，本章主要对数据泄露这个常见问题进行分析并列举一些相应的解决方案。

3.1 数据泄露概述

数据泄露是指未经授权将数据从内部传输到外部或目的地[2]。另外，还可以将数据泄露描述为数据被未经授权的一方获得的一种违规行为[3]。对于这两种定义，它们的共同点是内部的一个用户可以访问某些数据，并且拥有将这些内部数据传输出去的能力和途径。执行这些未经授权的复制数据的用户可以是可信的内部人员，也可以是获得账户控制权的恶意入侵者。数据泄露大多是由于内部用户违反安全策略而造成的，包括通过电子邮件发送敏感文档、将文件上传到不安全的服务器或者将文件复制到个人设备[4]。企业或者机构中由不同人产生的数据泄露有着不同的严重性，这主要取决于内部人员对数据的了解程度和其所接触的数据类型。例如，信息技术部门的员工或者财务部门的员工所产生数据泄露的后果通常比其他部门的员工更为严重，因此就需要更加严密有效的措施来防止这些员工的数据泄露。事实上，内部威胁可以由任何人引起，可能是不满的员工、当前组织的竞争对手、离职的员工或有其他动机的承包商[5]。

有关数据表明，内部攻击比从外部发起的攻击平均要多花20%的时间来遏制。Vormetric的调研报告中曾提到，93%的美国机构受访者认为他们容易受到内部威胁，并计划增加在IT安全和数据保护方面的支出。哈里斯民意测验对全球主要市场的800多名高级业务经理和IT专业人士进行了采访，55%的受访者表示，他们的“特权用户”和内部人士对他们的企业数据构成了最大的威胁，其次是承包商和其他服务提供商。安全情报提供商RBS(Risk Based Security)对2012—2019年的数据泄露情况进行比较，报告中指出从泄露事件数量来看，数据泄露事件数量整体呈现递增趋势，其中2019年泄露事件比2012年增长了121%，比2018年增长了33%[6]。

数据泄露也包含知识产权窃取，知识产权窃取的主要窃取对象包括源代码、业务计划、战略计划、产品信息和客户信息等。显然，知识产权的泄露会产生深远的后果，损害组织的竞争力和创新成果，并可能导致大规模的商业损失。美国商务部的一份报告表明，知识产权窃取每年给美国企业造成 2 000 亿～2 500 亿美元的损失，而知识产权委员会的报告认为，这一数字超过 3 000 亿美元[2]。在更广的范围内，知识产权窃取会损害社会经济，危及国家安全。据报道[3]，在 2013 年 9 月，德国的一家移动电信公司发生了一起数据泄露事件，该事件由一名熟悉该公司 IT 基础设施和系统的内部员工造成，他成功地窃取了 200 多万名客户的个人信息，包括客户的姓名、住址、出生日期和银行账户等信息。

有时窃取知识产权的人是正要离职的员工，很多要离职的员工可能会带走组织中机密的数据；有时粗心的员工也可能会造成组织内知识产权相关信息的泄露，这类内部人员可能会为了工作的便利或因为心理意识上的不重视等原因不遵守组织内部的安全政策，他们可能把机密数据带到不安全的地方，比如通过邮件发送到自己的账户中，从而可能导致知识产权被其他人窃取；还有就是为了经济利益等原因而恶意窃取知识产权的内部人员。

通常数据泄露这类攻击的类型及相应的特征如下。

(1) 冲动性的攻击

冲动性的攻击一般由带走机密数据的离职人员或恶意窃取知识产权的内部人员等发起。这类攻击一般发生在几个小时或几天的时间内，并且伴随内部人员明显的异常活动。一般攻击者会访问他们曾经很少或者从未访问过的数据，并且将大量的数据转移到存储设备、个人计算机或云服务器中。

(2) 间谍活动

间谍活动不像冲动性的攻击发生在很短暂的时间内，组织或企业内部的间谍活动一般会持续几年的时间。例如曾有一名美国国防承包商的高级工程师在三年中持续地窃取美国海军的机密数据，并在此期间一直没有被发现。通常为了不被发现，这类内部人员会在很长一段时间内只转移少量的数据。

(3) 定向攻击

定向攻击一般也称作高级持续性威胁(Advanced Persistent Threat，APT)。这类攻击需要大量的资源来组织进行，通常是由政府或军事组织发起的，他们一般目标明确，有时会窃取目标组织中特定的数据。

(4) 内外勾结

在内外勾结场景下，内部人员可能有意地和外部人员串通勾结或无意识地被外部人员利用。这类恶意人员可能被要求在组织内部安装恶意软件，使得外部攻击者可以持续地从组织内部窃取数据。

大数据和云计算的快速发展对数据安全性有了更高的要求。数据大量跨网络和跨系统分布，企业员工越来越多地使用 Dropbox 等云协作工具在组织外共享数据，这些工具允许企业与非商业账户共享文档，这对数据的保密性提出了更大的挑战。对于云计算而言，数据泄露威胁会影响系统的完整性和机密性。因此，数据的安全性是目前大数据时代着重关注和解决的问题[7]。

3.2 数据泄露分类

3.2.1 基于泄露原因分类

根据引起数据泄露的原因不同，数据泄露可以分为主动泄密和被动泄密。

1. 主动泄密

主动泄密已经成为当前影响企业和机构信息安全的首要问题，报告数据显示，目前的泄密事件中，近80%的损失是由内部人员主动泄密导致的。企业面临的主动泄密隐患包括：

① 将企业内部文档私自拷贝外带及复用泄密(USB/网络/即时通信)；

② 越权访问非授权数据泄密；

③ 盗用他人账号及设备非法访问数据泄密；

④ 同他人进行敏感数据跨安全域转移泄密；

⑤ 通过打印机、传真机等将敏感数据进行介质转换泄密；

⑥ 私自携带笔记本计算机设备接入内部网络非法下载数据泄密；

⑦ 对敏感数据的恶意传播及扩散泄密；

⑧ 对核心应用系统的非安全接入及访问泄密；

⑨ 不遵守管理制度的其他导致数据泄密的行为等。

2. 被动泄密

被动泄密是指导致信息泄密的人员在无意识或不知情的情况下所发生的泄密隐患，被动泄密已成为当前日益激烈的恶性商业竞争环境下的主要泄密隐患。目前存在的被动泄密隐患包括：

① 笔记本计算机、USB存储设备遗失或失窃导致数据泄密；

② 邮件或网络误操作、误发送等，数据的误用引起的泄密；

③ 保密意识淡薄，对敏感数据保管不当引起的泄密，如随意共享等；

④ 感染病毒、木马后引发的敏感数据泄密；

⑤ 将存放重要数据的机器、存储介质随意交与他人使用引发的泄密；

⑥ 笔记本计算机、USB存储设备和硬盘等维修、废弃时引发的泄密。

3.2.2 基于泄露途径分类

根据数据泄露的途径不同，数据泄露可以分为直接下载、被动监控、虚拟机漏洞、间谍软件、网络钓鱼[8]。

1. 直接下载

直接下载是基于网络的数据泄露方面最直接的方法，攻击者可以利用某些系统漏洞来操纵面向公共的服务器，对于服务器中的私密信息进行窃取，例如通过 SQL 注入的手段进行信息窃取。很多情况下，攻击者都会通过执行某些自动化的恶意脚本来获取想要的秘密信息[9]。

2. 被动监控

嗅探无线流量的方式已经被大家所熟知，但是其在数据泄露方面的作用一直被低估，因为许多无线网络仍然存在安全性不足的问题[10]，尤其企业中越来越多地使用无线网络来连接笔记本计算机、平板计算机、智能手机等设备，某些攻击者会利用不安全的无线网络来窃取秘密信息，而且很多连接的设备都会泄露信息。

3. 虚拟机漏洞

现代企业越来越多地使用由第三方厂商提供的虚拟机。但是虚拟机的基础架构在数据过滤方面有其自身的风险，包括服务提供商能够访问数据的风险，有时甚至需要对数据进行加密[11]。某些虚拟机中的漏洞能够被恶意攻击者利用从而绕过系统中的访问控制策略，执行任意的命令，导致数据泄露。例如所谓的虚拟机逃逸，攻击者能够突破虚拟机的限制，实现与宿主机操作系统交互的过程，攻击者可以通过虚拟机逃逸感染宿主机或者在宿主机上运行恶意软件。

4. 间谍软件

间谍软件攻击是指在用户的计算机上安装间谍软件，以监视用户的活动并向第三方报告。软件提供商通常使用这种方式来根据用户的活动向其发送相关更新，这种监控可以导致用户的信息泄露。间谍软件包括恶意软件、广告软件、cookie、网站故障等[12]。例如，有些恶意软件能够通过扫描用户的个人计算机来获取用户信息并通过电子邮件附件发送给所有的联系人。这种信息泄漏是来自内部的，防火墙通常无法检测并过滤掉这种情况[13]。

5. 网络钓鱼

网络钓鱼是一种常见的网络攻击的方法，它是一种社会工程的方法，通常通过电子邮件邀请个人访问欺诈网站，用户在访问欺诈网站时，需要输入用户名、密码、银行账号等敏感信息，这些敏感信息会被不法分子利用。另外，有些欺诈网站也可以通过执行某些恶意脚本最终导致用户的敏感信息泄露。

3.3 数据泄露解决方案

目前，数据泄露事件的激增受到企业和政府组织的严重关切。数据安全对企业生存发展有着举足轻重的影响，数据资产的外泄、破坏都会导致企业产生无可挽回的经济损失和核心竞争力缺失。而往往绝大多数中小企业侧重的是业务的快速发展，忽略了数据安全的重要性。对于企业而言，数据泄露可能会导致向竞争对手披露商业秘密、未来项目信息和客户档案，从而造成巨大的财务和声誉损失。对于政府而言，当国家机密或政治解决方案信息落入对手手中时，数据泄露的后果可能更为严重。出于解决这一严重问题的需要，安全专家开发了各种安全系统，包括但不限于 IDS、IPS(Intrusion Prevention System，预防入侵系统)、防火墙以及 SIEM(Security Information and Event Management,安全信息和事件管理)。然而,由于数据的非结构化和性质不断变化,这些系统在处理数据过滤方面存在不足。为了克服这一限制,安全专家和研究人员提出了针对数据泄露的对策,其具体目的是预防、检测或追踪数据泄密。具体的做法包括访问控制策略、DLP(Data Loss Prevention,数据防泄露)以及 UEBA(User and Entity Behavior Analytics,用户和实体行为分析)等,下面将对数据泄露的一些防护措施进行具体的分析。

3.3.1 访问控制策略

访问控制指系统对用户身份及其所属的预先定义的策略组限制其使用数据资源能力的手段,通常用于系统管理员控制用户对服务器、目录、文件等网络资源的访问。访问控制是系统保密性、完整性、可用性和合法使用性的重要基础,是网络安全防范和资源保护的关键策略之一,也是主体依据某些控制策略或权限对客体本身或其资源进行的不同授权访问。

在企业的信息安全策略中,访问控制策略起着非常重要的作用。信息安全中的访问控制是一种保证信息资源不被非授权使用的管理方法,而访问控制策略中定义了如何对访问信息的行为进行验证、授权和记录。

访问控制包括三个要素:主体(Subject,S)、客体(Object,O)和控制策略(Attribution,A)。

① 主体 S,指提出访问资源的具体请求方,是某一操作动作的发起者,但不一定是动作的执行者,可以是某一用户,也可以是用户启动的进程、服务和设备等。

② 客体 O,指被访问资源的实体,所有可以被操作的信息、资源、对象都可以是客体。客体可以是信息、文件、记录等集合体,也可以是网络上的硬件设施、无线通信中的终端,甚至可以包含另外一个客体。

③ 控制策略 A,是主体对客体的相关访问规则集合,即属性集合。访问策略体现了一种授权行为,也是客体对主体某些操作行为的默认。

实施身份验证和授权机制,确保只有合法用户所需的凭据可以访问数据,这种访问控制机制能够区分合法用户和恶意用户。为了有效保护数据和保障系统服务的正常运行,应该实现最小特权规则,授予用户访问所需资源最少的权限[14]。

访问控制策略主要分为四类:自主访问控制、强制访问控制、基于角色的访问控制,以及基于属性的访问控制。

1. 自主访问控制

在自主访问控制中,决定对数据对象的访问的责任取决于数据所有者,同时数据所有者还控制访问的级别。例如,数据所有者可以只授予一个用户同时具有读写的权限。用户有权对自身所创建的文件、数据表等访问对象进行访问,并可将其访问权限授予其他用户或收回其访问权限。允许访问对象的属主制定针对该对象访问的控制策略。通常,可通过访问控制列表来限定针对客体可执行的操作。简单来说,对于自己创建的实体自己不仅拥有访问修改的权限，而且能把这种权利分配给别人。自主访问控制又被称为任意访问控制，Linux、Windows 等操作系统都提供自主访问控制功能。在实现上，首先鉴别用户身份，然后赋予用户权限，一般通过特权用户对主体控制权限进行修改来实现自主访问控制。自主访问控制的优点在于可以根据主体的身份和访问权限进行决策，具有某种访问能力的主体能够自主地将访问权限的某个子集授予其他主体，灵活性强，但是自主访问控制的缺点是信息在传递过程中其访问权限关系会被改变。

2. 强制访问控制

对数据的访问由管理员定义的访问策略控制并通过操作系统强制执行，同时通过对数据对象进行标记标签来指定数据对象的敏感度，指示可以访问特定的数据对象。在强制访问控制（Mandatory Access Control，MAC）中，每个用户及文件都被赋予一定的安全级别，只有系统管理员才可确定用户和组的访问权限，用户不能改变自身或任何客体的安全级别。系统通过比较用户和访问文件的安全级别，决定用户是否可以访问该文件。此外，强制访问控制不允许通过进程生成共享文件，以通过共享文件将信息在进程中传递。

强制访问控制在学术界有着相对成熟的研究成果，并且研究人员不断提出各种强制访问控制的解决方案。Ulusoy 等[15]提出了框架 GaurdMR，该框架利用 MapReduce 的思想，通过分析用户的角色来创建动态的数据授权视图，从而在关键级别提供细粒度访问控制机制。GaurdMR 由两个主要模块组成：访问控制模块和参考监视器。访问控制模块主要用于为特定用户创建数据的授权视图，参考监视器用于从访问控制模块获取输入的安全策略并确保这些安全策略能够在 MapReduce 系统中得到执行。Shu 等[16]提出了一种安全体系结构 Shield，用于在云环境中安全地进行文件共享，其提出的架构是通过将加密/解密任务迁移到客户端的方式来限制云服务器的数据访问能力，同时，该系统通过将每个文件的安全控制信息以单独的安全控制文件的形式与相应的加密数据文件存储在一起，来减轻客户端密钥管理的负担。该作者提出了一个代理服务器来负责身份验证和访问控制，这个服务器利用存储的数据文件来验证和授权各种操作。这种体系结构可以针对常见的攻击提供防御，包括 Dos（Denial of Service，拒绝服务）攻击被动监视等。Suzuki 等[17]开发了一个名为 Salvia 的操作系统，该系统的重点作用是防止数据泄露。Salvia 有两种不同的文件类型：常规文件（可通过现有文件访问控制进行保护）和隐私文件（与某些数据保护政策相关）。这些策略是根据访问文件的进程周围的上下文来执行的，这些上下文包括诸如连接的无线网络之类的数据，以及进程的系统调用历史。在与隐私文件相关的策略中，进程可用的系统调用取决于尝试调用时该进程的上下文，这种访问更为安全和有效。

3. 基于角色的访问控制

与标记数据对象的强制访问控制不同，在基于角色的访问控制（Role-Based Access Control，RBAC）中，用户被分配一个特定的角色（例如开发人员、测试人员、会计），并且基于该角色被授予对各种资源的访问权限。目前，已有许多针对基于角色的访问控制机制的研究[18]，基于角色的访问控制使权限与角色相关联，用户通过成为适当角色的成员而得到其角色的权限，可以极大地简化权限管理。为了完成某项工作而创建一个角色，用户可依其责任和资格被分派相应的角色，角色可依照新需求和系统合并赋予新权限，而权限也可根据需要从某角色中收回，降低了授权管理的复杂性，减少了管理开销，能够提高企业安全策略的灵活性。

Doshi 和 Trivedi[19] 提出了一个数据库的多层安全框架以防止数据泄露，该框架由三个安全层组成。

① 基于角色的访问控制：拦截用户请求的查询，检查用户是否具有访问请求表的权限，仅当用户具有所需权限时，请求查询才会转发到下一层（基于行的访问控制），否则请求将被拒绝。

② 基于行的访问控制：如果在行级别定义了任何安全策略，则仅当符合安全策略时，请求查询才会被转发，否则请求将被拒绝。

③ 基于列的访问控制：如果在列级定义了任何安全策略，则仅当请求的查询符合定义的列级安全策略时，才接受该查询，否则请求将被拒绝。

Doe 和 Suganya[20] 提出了控制用户访问的模型，主要包含以下几个使用步骤：

① 用户发起请求，向服务器上传或者下载文件；

② 系统通过询问用户有关的个人问题进行身份验证，如果用户连续四次提供错误答案，则用户被加入到黑名单中，否则，用户将被赋予相应的上传或者下载权限；

③ 系统将一个一次性的密码发送到用户的电子邮件和手机中以便下次登录；

④ 如果用户想要上传文件，则使用增强椭圆曲线密码对文件进行加密；

⑤ 如果用户想要下载或者浏览一个文件，则使用椭圆曲线算法对加密文件进行解密。

该作者所提出的方法可以帮助防止黑客在使用一些攻击手段（例如钓鱼、间谍软件或XSS）窃取用户或网站管理员的用户名和密码后，利用这些机密信息进行下一步的破坏工作。

4. 基于属性的访问控制

许多访问控制模型已经被用于管理策略，访问控制模型的易用性、粒度、灵活性和可伸缩性等目标的平衡一直是研究人员所追求的目标。访问控制模型在不断发展，基于属性的访问控制（Attribute Based Access Control, ABAC）由于具有灵活性、可用性和支持信息共享的能力，作为许多用例的解决方案持续受到欢迎，其特点是允许在访问请求时基于用户、操作和环境的属性创建安全策略。

ABAC 是一种访问控制模型，其中主体对对象执行操作的请求基于“主体的指定属性、对象的指定属性、环境条件以及根据这些属性和条件指定的一组策略”而被授予或拒绝[21]。主体可以是人或非人实体，对象是系统资源，操作是应主体请求对对象执行的功能，而环境条件是访问请求发生的上下文的特征，独立于主体和对象。ABAC 的灵活性使其能够实现传统的访问控制模型，如自主访问控制（Discretionary Access Control, DAC）、MAC 和 RBAC。RBAC[22] 相对比较灵活，它已经被广泛部署和使用了 20 多年。然而，随着访问控制需求变得越来越复杂并应用到越来越多样化的领域，RBAC 没有提供足够粒度的策略，变得难以管理，或者不支持信息共享的需求。面对这些挑战，可以使用基于 ABAC 的系统来解决这些问题。比如，我们将执行数据库备份的访问限制为特定时间段和特定 IP 地址范围，这些约束可以很容易地用 ABAC 属性表示，但不能仅用 RBAC 模型的用户、操作和对象语义来表示。

3.3.2 DLP 的解决方案

DLP〔Data Leakage(Loss)Prevention〕，即数据防泄露，该方案最早兴起于国外，以基于内容识别的检测审计为主。数据防泄露是指通过一定的技术手段，防止企业的指定数据、信息资产以违反安全策略规定的形式泄露的一种策略[23]。

迄今为止，国内 DLP 经历了近 20 年的发展，其发展的驱动力主要来源于政府军工以及以制造业为主的企业，具有保护力度强、安全性高的特征，逐步形成了以强制加密为主导的符合国情的特色保护方案。近几年，在政策方面，国家给予了 DLP 有力的支撑，市场向 DLP 呈现出旺盛的需求，因此 DLP 这一领域的关注度也越来越高。现阶段，国家实行制造强国的战略，提出了《中国制造 2025》，要求中国制造业紧密围绕重点制造领域和关键环节，开展新一代信息技术与制造装备融合的集成创新和工程应用，建立智能制造标准体系和信息安全保障系统，搭建智能制造网络系统平台。在实施国家大数据战略的背景下，大数据发展日新月异，国家要求保障数据安全，建设数字中国，加强关键信息基础设施安全保护，强化国家关键数据资源保护能力，增强数据安全预警和溯源能力，加大对技术专利、数字版权、数字内容产品以及个人隐私等的保护力度。

综上，在特定的历史时期，DLP 市场向数据保护提出了更高的要求。互联网企业、通信企业等在数据安全方面都建立了内部的 DLP 安全体系；通信行业也制定了行业数据分类分级的标准，对数据进行针对性的保护。运用数据促进保障和改善民生，运用数据提升国家综合国力，数据自身所带的高附加值，决定了必须增强关键数据资源的保护能力，必须保护国家秘密、商业秘密以及个人信息的安全[24]。

传统上，数据的机密性是通过使用安全程序（如访问控制策略）以及传统的安全防护系统〔如防火墙、VPN（Virtual Private Network，虚拟专用网络）或者入侵检测系统〕来保障的。然而，这些机制在保护机密数据方面需要预先确定采取保护措施的规则，因此缺乏主动性，不能适应如今复杂多变的网络环境。这些系统中有些系统当满足某些条件时，可以主动触发安全措施，例如基于异常的 IDS。其主要关注敏感数据的上下文，例如数据本身的大小、时间、源和目的地，而不是具体的数据，使得其产生的误报率较高。因此，人们迫切需要使用更有效的机制来缓解这些问题。于是，数据泄露预防系统（DLPS）应运而生，该系统能够解决上面所提出的问题，可以用于监控和检测使用中、传输中和存储状态中的机密数据。此外，DLPS 将更多的关注点放在了机密数据的本身内容上，这样的做法更为可取，因为关注数据本身的保护比关注周围的上下文更符合逻辑[25]。

DLP 中有很多的防护和解决方案，涉及身份认证和权限控制、虚拟化和虚拟化隔离、密码学和动态口令、社交行为分析等。

1. 身份认证和权限控制

DLPS中使用的安全策略和权限访问的方法已经作为一项独立的技术广为研究并已经被许多组织广泛实施。一些基于主机的DLPS通过禁用USB驱动器和某些外部设备来工作。这些DLPS根据安全策略工作，例如防止某个部门或用户组在个人计算机上使用可移动媒体。系统中的访问权限通常授予具有符合策略的认证用户，DLPS必须具有预定义的用户权限和数据保密级别才能正常工作。此外，目前访问控制策略主要分成以下三种：自主访问控制、强制访问控制和基于角色的访问控制。基于安全策略和访问权限的DLPS是防止数据泄露的常见方法，因为它已经足够成熟，容易实施而且效果较为明显。

2. 虚拟化和虚拟化隔离

在DLP中，可以利用虚拟化的优势来保护敏感数据。该方法基于在访问敏感数据时创建虚拟环境，其中的用户活动是隔离的，并且只允许受信任的进程。Griffin等[26]通过创建通过安全网桥链接的可信虚拟域，引入了一个安全框架。他们提出了一种可以信任的环境，在这种环境中，计算服务可以可靠地加载到可维护安全需求的可信执行环境中。Burdonov等[27]提出了另一个DLP方案，该方案基于两个不同的虚拟机，一个是公共的、对互联网和外部环境具有访问权限的虚拟机，另一个是私有的、专门用于处理敏感数据的虚拟机。两个虚拟机被单独分开，以防止它们之间发生任何真正的交互。只有私有虚拟机中的受信任应用程序才允许使用公共虚拟机访问外部网络。此外，Wu等[28]还介绍了一种方法，在用户访问敏感数据时将其虚拟隔离。他们提出了一种结合安全存储和虚拟隔离技术的主动DLP模型，认为最严重的威胁来自内部，即来自具有权限的用户；因此，该模型的主要思想是在处理敏感数据时为每个用户创建一个安全的数据容器(Security Data Cenetr，SDC)。SDC是在数据存储层中通过相应的主动防御模块(Activate Defense Module，ADM)动态创建的。ADM通过对每个用户进行信息流分析来完成SDC。例如，如果用户请求访问敏感数据，ADM将首先验证该过程，如果验证通过，那么将在SDC和数据存储器之间创建一个具有可靠通道的隔离环境，然后该进程将被迁移到相应的SDC。这个操作/过程称为“读隔离”，“写隔离”和“通信隔离”也采用类似的过程，以确保所有进程都可用，但使用安全通道保障数据环境的安全。

3. 密码学和动态口令

密码学通常用于保护数据免受未经授权的泄露。目前，密码学的发展已经达到了一个成熟的水平，成为网络安全和系统安全实现的基础。密码学的存在能够保证明文的安全性，但是并不能阻止有些恶意人员获取加密数据。例如，加密电子邮件、VPN和HTTPS安全网络是用来保护数据不被读取的方法，即使数据在不受信任的环境中传输，并且容易被其他人捕获。因此，加密可以保证明文的保密性，但不能保证密文的保密性。这可能导致各种类型的攻击，如密文、已知明文和选择明文攻击。尽管数据泄露预防作为一个通用术语意味着对数据的保护，这使得所有有资格被DLPS加密机制处理的传输数据的加密方法都不在这个定义之内。这是因为它们参与发布数据指纹，即密文。然而，有些方法使用加密技术来防止使用中和静止状态下的数据的泄露，这些方法能够保护组织定义内的数据。使用加密技术保护静态数据的一种常见做法是桌面加密或加密文件系统[29]，这些系统通过对计算机和存储器的物理访问来保护数据免受对手的攻击。它们通常在用户试图访问加密文件夹时使用，用户将被要求提供密钥(通常是解密文件的密码)，如果不提供密钥，访问将被拒绝。

当使用静态口令和用户相关信息等知识类认证方式时，在网络中传输的认证信息每次都是相同的，容易被监听设备截获。因此，存在密钥猜测攻击、重放攻击、中间人攻击、撞库攻击、钓鱼攻击和Session(会话)攻击的安全风险。如果静态口令和用户相关信息设置得过于简单，则存在用户名/密码穷举的安全风险。当使用电子令牌认证方式时，用户每次使用的密码都不相同，因此不存在密钥猜测攻击、撞库攻击、钓鱼攻击和Session攻击的安全风险。动态口令的使用方式主要包括短信口令、硬件令牌、软件令牌三类，被广泛应用于网银、电子商务等领域。电子令牌认证会产生时间戳信息，保证消息的实时性，因此不存在重放攻击、中间人攻击的安全风险。

高安全性、高速度、高稳定性、易用性、实用性以及认证终端小型化等将是未来网络身份认证技术的发展方向，为数据安全、网络安全、交易安全提供保障。另外，随着技术的进步与多样性认证技术的需求，也出现了对一些新型认证形式的探索，如基于量子技术的认证、基于标识的认证、思维认证技术、行为认证技术、自动认证技术、多种生物特征的多数据融合与识别技术等，这也将是身份认证技术探索的重要方向。

4. 社交行为分析

社会网络分析以节点和链接的形式表示交互作用，侧重于绘制和测量人、群体和组织之间的交互作用和关系[30]。社交互动包括电子邮件、即时消息和社交网络。通过绘制节点之间的链接并分析联系的性质、频率等属性，可以可视化地分析实体间的关联关系。尽管行为是不可预测的，但其并不总是随机的。使用基于社交行为分析的DLP通常会检查用户之间的数据流，如果检测到任何不正常的情况，就会发出警报，以便安全管理员做出相应的反应。Zilberman等[31]提出了一种新的方法，通过识别共同主题来分析组织成员之间交换的电子邮件，从而防止电子邮件中的数据泄露。其使用术语频率-逆文档频率(Term Frequency - Inverse Document Frequency, TF-IDF)进行加权，在具有共同主题的成员之间建立关系线，组成分类模型。该分类模型将用户之间历史的余弦相似性作为检测基线，结果表明这种方法在检测数据泄露方面取得了较好的效果。

3.3.3 UEBA的数据泄露解决方案

1. UEBA概述

UEBA(User and Entity Behavior Analytics，用户实体行为分析)的前身是UBA(User Behavior Analytics，用户行为分析)，其最早应用于购物网站，通过收集用户搜索关键字，实现用户标签画像来预测用户购买习惯，从而推送用户感兴趣的商品。这项技术很快就被应用到网络安全领域，通过建立用户行为基线、进行状态跟踪，在此基础上增加对设备和应用的管理，在监测用户的同时，将与用户互动的资源数据放到同样重要的位置。UEBA 相较于传统的 SOC/SIEM 不关心各种海量告警，不聚焦某高级事件，而是更专注于“异常用户”（特权账号被盗用）和“用户异常”（合法的人做不合法的事），使异常事件的告警更符合业务场景。以设备重启为例，SOC/SIEM 会将其认定为高等级的安全事件并告警，而在 UEBA 的理解中，先判断重启的用户是谁以及此用户在过去的一年内每月固定时间是否都有类似的行为，如果都有，即可不发送告警，仅作记录，误报率大幅降低，安全运营人员有更多的精力去关心真正的安全事件[32]。

安全行业早些时期对威胁的检测大部分依赖于恶意文件 Hash（哈希）值、文件名称、URI（Uniform Resource Identifier，统一资源标识符）、IP 地址等静态资源，这也是所谓的“被动防御”阶段。但随着网络技术的普及，威胁的检测速度已经完全跟不上这些特征值的增长速度，另外，换个 IP 地址或者域名，或在恶意文件里加段无意义代码以改变 Hash 值等逃避检测的手段越来越容易。由于现代的攻击不再仅仅是破坏计算机系统，更多的是从被害主机中获利，在窃取数据的过程中，必然伴随着一些恶意行为（扫描嗅探、暴力破解、非正常的数据传输等），UEBA 使得我们不再局限于结果，而是更多地去关注于那些入侵过程中的行为动作。

2. UEBA 系统组成

从数据收集到最终决策，基于 UEBA 的网络防护系统主要包括数据采集、用户画像、规则匹配、多维度行为分析等主要模块。

（1）多源异构数据采集

多源数据异构性是指生成数据的设备和系统之间以及数据类型本身之间的差异。传统 SOC/SIEM 的数据采集，需要各种日志规格化入库，即每接入不同类型的设备日志需要定制 syslog 的格式，故难以快速实施。以事件等级字段为例，有的安全设备使用标准 syslog 且定义清晰，而有的安全设备采用私有 syslog，定义并不清晰。统一的日志格式需要各大安全厂商的共同配合，但是其实现起来有一定的难度。UEBA 系统的基本要求在于能够快速采集到结构化、非结构化日志，使用全文分布式索引，支持数据格式的动态解析、实时流式分析，提供通用的 API 接口等。同时，数据源除了网络流量、安全设备告警、应用系统日志和威胁情报之外，还更关注用户视角，例如接入门禁刷脸日志、VPN 日志、HR 日志、OA 系统（Office Automation System，办公自动化系统）日志、工单日志等场景数据。

（2）上下文感知与用户画像

上下文感知就是系统通过自动收集和分析用户的信息，利用上下文信息智能判断用户行为并采取相应的行动，从而实现对用户服务的人性化。上下文感知集中体现了普适计算中以人为服务中心的理念。UEBA 中的上下文感知主要通过分析用户是否在常用地点（IP 地址）、常用时间（工作时间、非工作时间）登录，从而智能地判断是否触发相关告警来体现。这区别于传统的防护策略，即常用地址、常用时间都是基于历史基线建模分析得出的，而非配置的。用户画像，即用户信息的标签化，是指通过收集与分析消费者社会属性、行为习惯等主要信息后，抽取用户信息并进行标签化和结构化处理，完美地抽象出一个用户的全貌。用户画像是一个或一类真实用户的虚拟抽象，是基于一系列实际数据的虚拟用户模型[7]。在基于 UEBA 的网络安全态势感知中，使用同类用户横比和历史基线环比的方法来发现异常、定义标签并对权重进行赋值，根据分值来展现具有高风险的前几类人群，以供安全运营人员决策。

(3) 规则匹配融合机器学习

传统的基于规则匹配的分析技术从多个数据源收集日志，采用由安全专家预先创建的关联规则来实时执行，其能力局限于与系统或应用程序相关的网络信息的联系，如基于源 IP 和目的 IP 关系的分析。随着内部威胁的增加，尤其是人的行为在动态变化时，由安全专家手动定义的规则不再具有适用性，使用传统的方法检测恶意用户行为变得非常困难。例如在分析特定账户传输的数据量时，规则通常定义“阈值”大小以确定可疑活动，但在实际场景中阈值取决于不同的用户类型(某业务确需传输大量数据)、传输的时间和频率(单次大量数据传输或多次长周期少量数据传输)，静态规则无法解决这种复杂情况。

利用机器学习的方法，通过学习用户和资产行为，从个例数据中进行抽象，发现个例背后的规律，可以对重大偏差产生告警，对规则进行修正，从而对安全事件的发现和预测起指导作用。机器学习包括以下几个方面的功能。

① 形成统计模型：根据模型设定，统计每个指标的历史情况，根据时间维度、资产维度等生成统计模型。

② 检测异常点：基于统计模型，在学习过程中实时检测数据和模型匹配情况，识别出异常数据。

③ 预测行为趋势：根据已有模型以及一定的算法，预测未来一段时间内统计对象的发展趋势，以对未来的运营做出分析和提出指导意见。

UEBA 中机器学习主要完成的目标是进行异常检测，其中可以使用各种算法，如孤立森林、SVM、K-Means 聚类等进行异常检测。不同的算法有各自的局限性，很难有一个算法适用于所有场景，因此我们需要对异常检测的结果进行验证，还要综合对比特征等专项分析技术识别和发现异常行为，通过风险评分来缩小和减少误报的范围，更加精准地聚焦异常行为。异常检测不只是算法，而是综合上述步骤构成 UEBA 的基本落地步骤。

这样一个混合系统，其异常发现不是只依赖于机器学习，而是同时依靠统计以及特征的方法，一些通过机器学习可以输出明确结果的内容在这个阶段也会体现出来，如 DGA (Domain Generation Algorithm)域名发现等；统计方法会更经常被运用，如某用户账号第一次访问一个文件夹、用户访问的文件数量异常等。但这些被发现的异常不会产生直接给客户的报警，而是成为机器学习使用的原始特征，在这些特征的基础上，再利用机器学习，快速确定不同特征组合对应的风险值，而风险值大于一定范围才会成为需要用户关注的事件。特征方法在统计和机器学习中间，有一个异常发现的过程及中间产物，利用专家领域的知识,简化了机器学习方面的工作,同时提升了系统灵活性,进而可以快速部署、快速完成学习过程。

(4) 多维度行为分析决策

长期以来,安全设备内置的威胁检测技术,如数据防泄露(DLP)、端点保护平台(Endpoint Protection Platform,EPP)等多以特征匹配为手段,即使后来出现的沙箱检测技术,也主要依赖于专家经验提取已知病毒与攻击的行为特征进行分析,不能适应新类型的威胁或系统行为,对一些高级的未知威胁检测效果更是有限。以病毒检测场景为例,EPP 的核心思想是基于已知病毒文件的特征值匹配来查找病毒感染文件,但只要出现任何形式的病毒变种,即使是同一个病毒家族的变种,静态的特征值匹配的技术也会失效;而 UEBA 在传统的病毒检测方面做了补充和升级,通过对终端上的文件执行和修改、注册表更改、网络连接、可执行程序的运行等行为的实时监控,查找异常或进一步地取证分析,即使遇到病毒变种的情况,因为其相似的行为,也能最终检测出变种,基于终端行为的威胁检测范围更大,覆盖效果更加明显。

时至今日,通过不断夯实网络安全防护堡垒,增强业务系统健壮性,UEBA 因具备多种关键技术能力成为高效的主动防御手段,实现了对网络安全事件的事后、事中、事前管控,成为组织和机构防数据泄露中的关键一环。

参考文献

[1] SHARETH B, AMRUTA B, Securonix Insider Threat Report[R/OL]. [2023-04-28]. http://www.securonix.com.

[2] DAVE S. When Breaches Happen: Top Five Questions to Prepare For[EB/OL]. [2023-04-28]. http://www.yumpu.com/en/document/read/22935619/when-breaches-happen-top-five-questions-to-sans-institute.

[3] Verizon News Archives. Data breach investigations report[EB/OL]. [2023-04-28]. http://www.verizon.com/about/news/verizon-2015-data-breach-investigations-report#report.

[4] TORSTEINBØ T. Data loss prevention systems and their weaknesses[D]. Arendal, Grimstad and kristiansand: University of Agder, 2012.

[5] KOWALSKI E, CONWAY T, KEVERLINE S, et al. Insider threat study: Illicit cyber activity in the government sector[R]. CARNEGIE-MELLON UNIV PITTSBURGH PA SOFTWARE ENGINEERING INST, 2008.

[6] KHAN A U, ORIOL M, KIRAN M, et al. Security risks and their management in cloud computing[C]//4th IEEE International Conference on Cloud Computing Technology and Science Proceedings. Taipei, Taiwan: IEEE, 2012: 121-128.

[7] SHEIN E. Companies proactively seek out internal threats[J]. Communications of the ACM, 2015, 58(11): 15-17.

[8] 杨春华,赖静.数据泄露防护产品的分类和作用[J].信息技术与信息化,2020(9): 190-193.

[9] MOYLE S. The blackhat's toolbox: SQL injections[J]. Network security, 2007, 2007(11): 12-14.

[10] POTNURU M. Limits of the Federal Wiretap Act's ability to protect against Wi-Fi sniffing[J]. MICHIGAN LAW REVIEW, 2012, 111(1): 89-117.

[11] HAY B, NANCE K. Circumventing cryptography in virtualized environments [C]//2012 7th International Conference on Malicious and Unwanted Software. Fajardo, PR, USA:IEEE, 2012: 32-38.

[12] GIANI A, BERK V H, CYBENKO G V. Data exfiltration and covert channels [C]//Sensors, and Command, Control, Communications, and Intelligence (C3I) Technologies for Homeland Security and Homeland Defense V. Florida, United States: SPIE, 2006, 6201: 5-15.

[13] SZU H, SZU H H, MEHMOOD A . SPIE Proceedings [SPIE Defense and Security Symposium - Orlando (Kissimmee), FL (Monday 17 April 2006)] Independent Component Analyses, Wavelets, Unsupervised Smart Sensors, and Neural Networks IV - Authenticated, private, and secured smart cards (APS-SC) [C]//Defense & Security Symposium. International Society for Optics and Photonics, 2006:62470L.

[14] RAMAN P, KAYACIK H G, SOMAYAJI A. Understanding data leak prevention[C]// 6th Annual Symposium on Information Assurance (ASIA'11). Albany, New York, USA:[s. n.], 2011: 27-31.

[15] ULUSOY H, COLOMBO P, FERRARI E, et al. GuardMR: Fine-grained security policy enforcement for MapReduce systems[C]//Proceedings of the 10th ACM Symposium on Information, Computer and Communications Security. Singapore, Republic of Singapore:Association for Computing Machinery, 2015: 285-296.

[16] SHU J W, SHEN Z R, WEI X. Shield: A stackable secure storage system for file sharing in public storage[J]. Journal of Parallel and Distributed Computing, 2014, 74(9): 2872-2883.

[17] SUZUKI K, MOURI K, OKUBO E. Salvia: a privacy-aware operating system for prevention of data leakage[C]//Advances in Information and Computer Security: Second International Workshop on Security, IWSEC 2007, Nara, Japan, October 29-31, 2007. Proceedings 2. [S. l.]:Springer Berlin Heidelberg, 2007: 230-245.

[18] SMYTH N. Security+ Essentials[M]. eBookFrenzy, 2010.

[19] DOSHI J C, TRIVEDI B. Hybrid intelligent access control framework to protect data privacy and theft [C]//2015 International Conference on Advances in Computing, Communications and Informatics (ICACCI). Kochi, India: IEEE, 2015: 1766-1770.

[20] DOE N P, SUGANYA V. Secure service to prevent data breaches in cloud[C]//2014 International Conference on Computer Communication and Informatics. Coimbatore, India: IEEE, 2014: 1-6.

[21] HU V C, FERRAIOLO D, KUHN R, et al. Guide to attribute based access control (abac) definition and considerations (draft)[J]. NIST special publication, 2013,800(162): 1-54.

[22] SANDHU R S, COYNE E J, FEINSTEIN H L, et al. Role-based access control models[J]. Computer, 1996, 29(2): 38-47.

[23] ALNEYADI S, SITHIRASENAN E, MUTHUKKUMARASAMY V. A survey on data leakage prevention systems [J]. Journal of Network and Computer Applications, 2016, 62: 137-152.

[24] 陈亚帅. 基于内容审核的数据泄露防护系统的设计与实现[D]. 济南:山东大学,2020.

[25] Securosis L L C. Understanding and selecting a data loss prevention solution[EB/OL]. [2023-04-28]. http://cdn. securosis. com/assets/library/publication/DLP-Whitepaper. pdf.

[26] GRIFFIN J L, JAEGER T, PEREZ R, et al. Trusted virtual domains: Toward secure distributed services[C]//Proceedings of the 1st IEEE Workshop on Hot Topics in System Dependability (HotDep'05). Los Alamitos : IEEE Computer Society, 2005: 12-17.

[27] BURDONOV I, KOSACHEV A, IAKOVENKO P. Virtualization-based separation of privilege: working with sensitive data in untrusted environment[C]//Proceedings of the 1st EuroSys Workshop on Virtualization Technology for Dependable Systems. Nuremberg, Germany: Association for Computing Machinery, 2009: 1-6.

[28] WU J J, ZHOU J, MA J, et al. An active data leakage prevention model for insider threat[C]//2011 2nd International Symposium on Intelligence Information Processing and Trusted Computing. Wuhan, China: IEEE, 2011: 39-42.

[29] WRIGHT C P, DAVE J, ZADOK E. Cryptographic file systems performance: What you don't know can hurt you[C]//Second IEEE International Security in

Storage Workshop. Washington, DC, USA: IEEE, 2003: 47-47.

[30] RAMAN P, KAYACIK H G, SOMAYAJI A. Understanding data leak prevention[C]//6th Annual Symposium on Information Assurance (ASIA'11). Albany, New York, USA: [s. n.], 2011: 27-31.

[31] ZILBERMAN P, DOLEV S, KATZ G, et al. Analyzing group communication for preventing data leakage via email[C]//Proceedings of 2011 IEEE international conference on intelligence and security informatics. Beijing, China: IEEE, 2011: 37-41.

[32] 徐飞. 基于UEBA的网络安全态势感知技术现状及发展分析[J]. 网络安全技术与应用,2020(10):10-13.

第4章　内部入侵

一般而言，入侵检测是一种动态的监控、预防或抵御系统入侵的安全机制，主要通过监控网络或系统的状态、行为以及使用情况来检测入侵者的非法入侵活动。内部入侵则是指内部用户或入侵者从网络内部实施的入侵行为，一般表现为已经绕过防火墙或不受防火墙监管，或通过某些手段取得一定权限后实施入侵行为。

内部入侵检测系统作为原有企业内安全系统的一个重要补充，能够起到对系统的安全审计、监控识别攻击行为等重要功能，并实时做出响应，被称为防火墙之后的第二道安全闸门，同时也是针对内部入侵活动的重要屏障。入侵检测系统的主要功能如下：

- 统计分析异常活动；
- 识别入侵者；
- 识别入侵行为；
- 评估核心系统或数据的完整性；
- 监视已经成功的安全突破；
- 为对抗入侵提供重要情报。

4.1　内部入侵发展现状

1980年，James Anderson在一份技术报告中指出，审计记录可以用于识别计算机误用，即利用审计记录可以检测计算机系统中的可疑行为，这便是入侵检测技术的雏形。随后，1986年，斯坦福研究所(现称SRI International)在论文*An Intrusion-Detection Model*中首次提出了入侵检测的概念，并深入探讨了入侵检测技术。这篇文章是入侵检测系统的“开山之作”。之后，针对入侵检测系统的研究也逐渐深入，入侵检测专家系统(IDES)、基于主机的异常检测系统、分布式入侵检测系统等一系列系统与模型先后被提出。下面详细介绍一些早期的入侵检测系统。

Haystack是为美国空军开发的审计跟踪简化和入侵检测工具，具有较为悠久的历史[1]。它是一款自学习的非实时异常检测系统，通过对行为的倾向性分析，利用数据库的信息来判断当前用户的行为是否与过去有明显不同，并同时与以入侵为目的的特定行为进行比较，判断该活动是否为入侵活动，最终通过分析计算出可疑值来表示该行为与入侵活动的接近程度，作为判断入侵的依据。

NADIR(Network Anomaly Detection and Intrusion Reporter)[2]是基于简单统计和基

于规则的异常检测系统，具有合并多个主机的审计信息、针对多主机入侵检测的特点。它将用户活动、用户历史信息进行简单统计，之后依据事先定好的规则进行分析，以确定入侵的可能性。

Ripper 则是一个划时代的作品，是具有自学习功能的入侵检测系统，可以自动进行特征选择[3]。它也可以作为一个快速、高噪声容忍度的规则学习器使用。

随着网络基础设施的不断升级，网络入侵技术同样变得日益复杂，入侵检测领域所面临的问题也变得多样化。传统的入侵检测手段不再满足当前需要，一些新兴的基于机器学习、神经网络等技术的入侵检测手段逐渐进入人们的视野。同样，随着入侵手段的复杂化，以及入侵场景的多样化，针对内部入侵检测的需求开始兴起。现阶段，内部入侵检测系统的主要发展方向有：智能化入侵检测、分布式入侵检测、入侵检测系统标准化、集成网络分析和管理能力、高速网络中的入侵检测、数据库入侵检测、无线网络入侵检测、蜜罐蜜网的入侵检测等。

4.2 内部入侵检测系统

一个典型的内部入侵检测系统从基本功能上可以分为三个组成部分，即感应器、分析器、管理器，如图 4-1 所示。感应器安装在被监控节点上，负责收集信息，例如网络数据包、日志文件、系统调用记录等。分析器接收感应器收集到的数据，分析器一般是由一台主服务器或多个分析器组成的分布式入侵检测网络。分析器通过某些技术分析手段来判断是否有入侵行为发生，如果有入侵行为，还可以采取一些手段阻止危害的进一步扩大。管理器即用户控制台，用于用户配置入侵检测系统的参数。

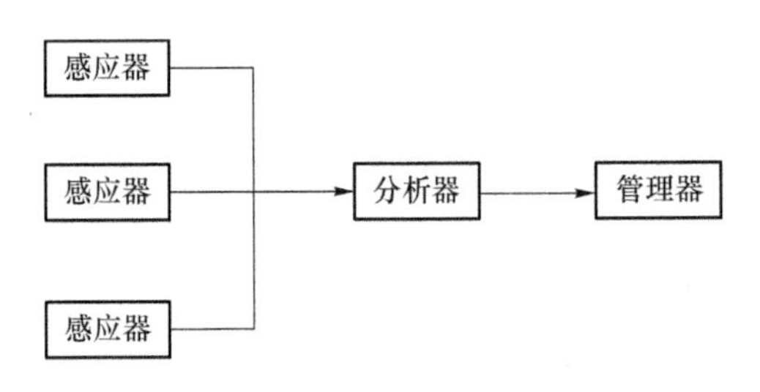

图 4-1　内部入侵检测系统架构

除此之外，一些内部入侵检测系统还拥有检测规则的自我升级，新的攻击特征的发现与挖掘，构建攻击者攻击路径，主动防御与反制等其他功能。另外，利用蜜罐与蜜网做内部入侵检测，可以大大地提高检测效率，降低检测成本。

下面从多个维度简述内部入侵检测系统的工作方式。

(1) 数据源

传统入侵检测系统的数据源包括如下几方面。

主机：基于主机的入侵检测系统可以监测系统、事件以及进程的操作记录。一般通过分析日志来检测入侵情况，例如系统级日志（主机硬件事件、系统调用、运行状态等信息），用户级日志(用户登录、操作、命令等信息),文件系统日志,网络IO(Input/Output,输入/输出)日志等,以便发现针对主机硬件级别的入侵和破坏,用户越权访问,以及文件篡改、资源耗尽型的攻击。

网络日志:基于网络的入侵检测系统使用原始网络数据包作为数据源,通过利用工作在混杂模式下的网络适配器,来实时监视并分析通过网络的所有通信业务。网络日志通常包括TCP、UDP(User Datagram Protocol,用户数据报协议)、ICMP(Internet Control Message Protocol,网络控制报文协议)、ARP(Address Resolution Protocol,地址解析协议)等网络层与传输层报文,以及HTTP等应用层数据包。

服务日志:基于服务的入侵检测系统可以监测服务的运行状况以及安全性。一般通过服务自身产生的日志进行分析。例如针对数据库、WEB服务、远程调用服务等服务产生的日志进行评估与分析,以发现针对某一服务发起的攻击,如SQL(Structured Query Language,结构化查询语言)注入攻击等。

混合数据源:基于混合数据源的入侵检测系统可以利用多种数据源,以多种方式进行入侵检测,以提高数据利用率,提高防护水平。混合数据源的入侵检测系统可以配置为分布式模式,通常在需要监视的服务器和网络路径上安装监视模块,分别向管理服务器报告和上传数据。

另外,由于内部入侵相比于外部入侵更难发现,也更难管理,因此对于内部入侵检测来说,还要采取一些其他的必要手段来防止入侵行为的发生。2020年4月深圳市迅雷网络技术有限公司某前员工利用安保人员的门禁卡潜入公司机房,利用硬盘盗取数据,可见,在物理层面加强内部入侵检测系统的构建也是一个重要的研究方向。以下为一些内部入侵检测数据源。

内部监控与门禁日志:基于内部监控与门禁的入侵检测模块的日志可以记录核心设备周边人员出入情况,识别非法侵入和越权访问,以及分析潜在的数据泄露行为和破坏行为。

传感器日志:针对工业领域还可以设立专用的传感器日志,以防止针对工业核心设备的数据盗取、破坏行为。例如,在需要防火的区域设置烟雾传感器与温度传感器,在禁止人员进入的区域设置震动传感器或雷达,在工业控制设备中加入输出信号的采集传感器,用以判断区域或设备是否发生异常等。

人体工程学日志:利用管理员在关键主机节点上的击键、鼠标轨迹等内容进行建模,以实现对非法用户的识别,或对使用者异常行为的识别。

(2) 分析对象

内部入侵检测系统的分析对象如下。

异常入侵检测:异常入侵检测系统利用被监控系统正常行为的信息作为入侵行为和异常活动的判断依据。在异常入侵检测中,假定所有入侵行为都是和正常行为不同的,当建立正常行为轨迹后,如果某一系统状态与正常行为轨迹不同,则可判断为异常行为。在异常入侵检测的参数选择中,异常阈值和特征选择是异常入侵检测的关键因素。

误用入侵检测:误用入侵检测系统利用已知的入侵行为轨迹构建知识库来识别系统遭

遇的入侵行为。在误用入侵检测系统中，假定所有入侵行为都有某种模式或特征，那么如果某一系统状态和入侵行为相匹配，则可判断系统遭遇误用入侵行为。在误用入侵检测的使用中，如何表达入侵行为是误用入侵检测的关键因素。

基于异常的入侵检测与基于误用的入侵检测相比，具有识别未知入侵的特点，但同时误报率较高，对于伪装的攻击识别率低；而基于误用入侵的检测则具有针对入侵行为的识别率高、误报率低的特点，然而对于未知的入侵行为则难以检测。

(3) 分析方法

内部入侵检测系统的分析方法主要包含特征选取、特征分析等步骤。不同入侵检测系统的分析方法也不同，这也是区分不同入侵检测系统的主要特征。

入侵检测的特征选取，主要分为预编程和自学习两大类。预编程是指将经过人类专家评定后的特征写入特征库，之后入侵检测系统根据特征库中的特征对入侵行为进行判断。而自学习是指利用人工智能方法自动选取特征作为入侵行为的判断依据。当特征选定后，就基于特征进行分析，得出分析结果。这一过程在不同的入侵检测系统中使用不同的检测技术和方法。下文将会详细介绍不同的系统在分析方法上的特点。

(4) 检测方式

内部入侵检测系统的检测方式主要分为实时检测和非实时检测。实时检测系统又被称为在线检测系统。它通过实时检测并分析网络流量、主机与服务的审计记录等信息来发现入侵行为，但对于高速网络则效果不佳。非实时检测系统也被称为离线检测系统，通常是对一段时间内的检测数据做分析，并给出分析结果。这一方式对于发现问题比较精确且稳定，但是实时性弱，无法及时发现攻击，往往在遭遇入侵之后追溯攻击源时使用。因此一般情况下，内部入侵检测系统会采用实时检测与非实时检测二者结合的方式来保障系统的正常运行。

(5) 检测结果

依据内部入侵检测系统的检测结果，可将内部入侵检测系统分为二分类入侵检测系统和多分类入侵检测系统。二分类入侵检测系统只能判断某一行为是否为入侵行为，而多分类入侵检测系统在此基础上还能提供更详细的信息，例如入侵类型、危害程度等。

(6) 响应方式

内部入侵检测系统的响应方式主要分为主动入侵检测和被动入侵检测。主动入侵检测在检测到入侵后，可自行修复目标系统漏洞，监视和管理入侵行为，以及采取熔断措施强制服务离线等。被动入侵检测则只提供监视功能，是否对入侵行为采取措施则由管理员决定。

(7) 模块分布方式

内部入侵检测系统的模块分布方式可分为集中式和分布式。其中集中式是将数据收集到一台主机上，并在这台主机上进行分析和处理，而分布式则是利用多个节点收集数据再汇总到一个主机或多个主机进行分析处理，并最终将结果汇聚到一个主服务器上，用于管理员调用和查看。

4.3 内部入侵检测系统技术

检测主机或网络等设备是否遭遇入侵，其过程主要分为如下三个步骤。首先，系统通过数据收集器收集数据包、日志及其他关键信息，经过数据处理和特征提取等操作将数据存入数据库。其次，分析系统通过一些分析手段，如专家系统、统计方法、机器学习以及一些其他分析方法对数据库中的数据进行分析，并给出分析结果。最后，分析结果被呈递给系统管理员作为下一步操作的依据。如有必要，系统也可以自动依据分析结果做出反应，例如对入侵行为进行反制以实现主动防御与主动反击。

1. 数据处理技术

对于收集到的原始数据，一般处理过程可以分为如下步骤。

数据集成：负责将各处收集到的数据整合起来，主要操作如合并数据、数据去重、处理不一致数据等。之后将数据规范化，并存储为结构化数据。

数据清理：负责将数据中的无关数据、噪声数据、不完整数据等无用数据去除，合并重复数据，完成一些数据类型转换。

数据变换：负责对数据做进一步的抽象，例如数据的规格化、数据的正则化等，将部分非数值型数据数值化。

数据简化：负责提取一些主要的数字特征，对数据进行压缩降维，以便减轻检测模块的数据处理压力。

数据融合：对于不同监控系统提供的数据，过去往往是一个数据源提供一个分析系统，而忽略了数据源之间的关联性，导致一些关键信息的遗漏，利用数据融合可以有效地整合不同数据源的数据，为分析系统提供数据源之间的关联性信息。

在这一处理过程中，有一些比较热门的研究技术，例如如何提取数据特征，如何对不同数据源的数据做数据融合等。这里主要介绍几种常见的特征提取、数据融合以及数据挖掘技术。

传统的特征提取一般由人工进行，例如描述一次可能的入侵活动，可以选择源 IP、网络协议、协议中某些字段的出现频率等。但随着数据维数的增加，传统的人工方式逐渐显现出了缺点。因此人们又提出了一些基于机器学习和深度学习的特征提取方法。常见的特征提取方法大致可以分为三类。第一类特征提取方法是过滤式提取，这种方法将特征提取和后续的分析过程分开考虑，例如主成分分析。主成分分析（Principal Component Analysis，PCA）是目前特征提取中最常用的方法，它可以将高维度的数据映射到低维度中，也就是通过线性映射得到数据的主要特征，去除一些冗余特征，但是将特征提取与后续的分析过程分开考虑。第二类和第三类特征提取方法是包裹式提取和嵌入式提取，这二者是将后续分析过程的性能作为评价特征选择的优劣的标准。另外，在面对稀疏矩阵时，传统的特征提取方法也会“力不从心”，因此使用机器学习、深度学习中的一些方法可以有效解决这个问题。

数据融合技术一般是指将不同系统或不同服务中产生的异构数据、特征或简单决策整合到一起，在一定的准则下加以分析、综合，以完成所需的决策和评估任务而进行的信息处理技术。从数据融合的层次上，可以将数据融合分为三类，即数据层融合、特征层融合以及决策层融合。数据层融合可以尽可能地保留原始信息，但融合后会大大增加数据维数，提高系统复杂性。特征层融合相比于数据层融合尽管损失了一些细节，但是保留了基本的主要特征，同时提高了效率。决策层融合则是在最终决策时融合结果，一般表现为对不同数据源提供的分析结果做一个置信评估，因此这种融合方式更为简单，但同时也损失了大部分信息。

数据挖掘技术是近年来较为热门的研究领域。数据挖掘是指从大量的数据中通过算法搜索隐藏于其中的信息的过程。常用的数据挖掘算法有关联规则法、决策树法、模糊集法、粗糙集法、神经网络法和遗传算法等。由于近年来深度学习技术的不断发展，基于神经网络的数据挖掘技术得到了深入研究，这也使得入侵检测变得更加高效，系统维护更加便利。这里介绍几种数据挖掘算法，用于入侵检测。

第一是 K-means 算法，又叫 K-均值算法，它是著名的划分聚类的算法，在聚类算法中常见，且用法简单高效。该算法由用户指定最终要划分的组数，之后由算法随机指定聚类中心，计算每个数据被划分的类，之后再依据划分结果，重新计算聚类中心，经过多次迭代，直到结果收敛，最终得到分类方式。在入侵检测中，常常通过聚类算法依据某些协议中的关键字进行分类，以识别某些行为是否为入侵行为。

第二是 FP-Growth(Frequent Pattern Growth，频繁模式增长)算法，该算法首先生成 FP-Tree(频繁模式树)，它通过逐个读入事务，并把事务映射到 FP-Tree 树中的一条路径来构造，由于不同的事务可能会有若干个相同的项，因此它们的路径可能部分重叠。路径相互重叠越多，使用 FP-Tree 结构获得的压缩效果越好。之后再针对 FP-Tree 进行频繁挖掘。

2. 入侵检测技术

早期入侵检测的分析系统通常采用专家系统。用户通过将攻击信息以脚本的形式录入专家系统，构成一系列“IF-ELSE”判断，之后系统再自行依据脚本来分析数据。专家系统主要由知识库、综合数据库、推理机、解释器以及数据获取等五个模块构成。其中知识库主要负责存储和管理系统获取的知识，这些知识通常表现为一系列规则；综合数据库主要负责存储需要分析的数据、证据等信息；推理机则负责解释和执行用户提供的脚本，以分析和匹配综合数据库中的数据；解释器为推理机的核心部分，具体实现机制各个专家系统各不相同；数据获取模块则负责数据的收集和整理。

专家系统模型如图 4-2 所示，当系统工作时，数据获取模块收集并整理数据到综合数据库中，推理机则依据知识库中给定的用户脚本，利用解释器解析给定的规则，利用规则推断收集到的数据是否为入侵行为，并将结果输出给用户。但此类系统一般不适用于大批量的数据，只适用于一些已知的，且较简单的分析。另外，随着系统的持续运行，用户需要维护的脚本规则信息也会越来越庞杂，系统也变得难以维护。

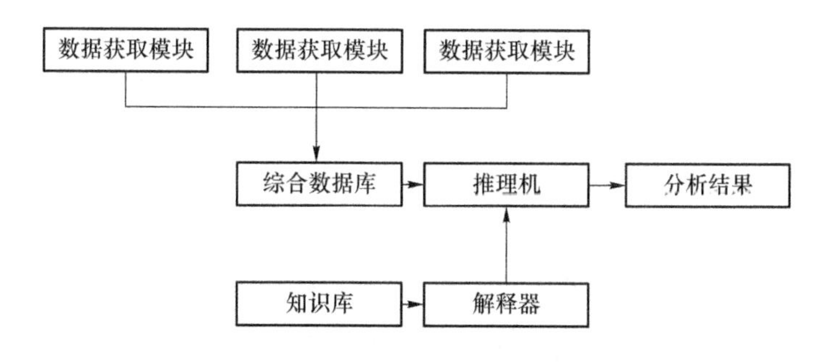

图 4-2 专家系统模型

基于简单数据统计的入侵检测技术则基于对正常行为的统计和观测，得到当前活动观测值的可信区间，并实时学习和完善统计结果，如图 4-3 所示。这一技术相比于专家系统，可以自行更新区分正常行为和异常行为的阈值，以使系统不断精确完善，也能使系统识别一些未知的入侵行为。对于基于简单数据统计的入侵检测系统，其核心的内容是对特征属性的选择。从用户特征的角度考虑，可以为每个用户建立特征轮廓表，通过比较当前特征与已经建立的特征记录来判断当前用户是否出现异常行为，例如通过用户存取文件的频率、I/O 使用情况、CPU 使用率等信息来判断用户是否与以往不同。同样也可以从行为特征的角度考虑，通过为不同类型的行为建模，判断一段时间内的行为是否与历史数据不同来分析是否发生入侵行为。

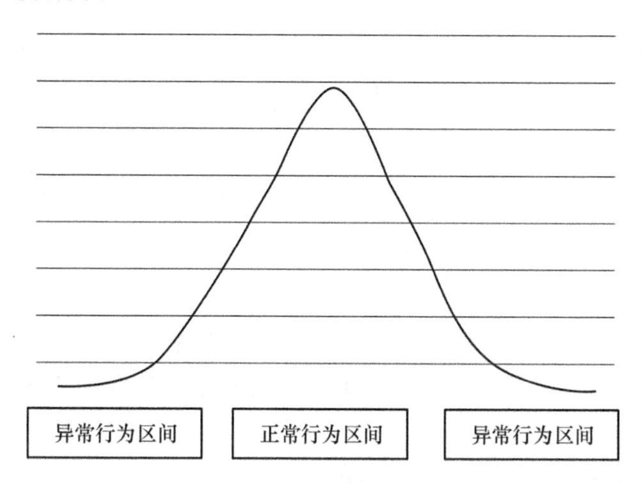

图 4-3 简单数据统计模型

但是基于简单数据统计的入侵检测技术是基于持续的学习来判断是否有入侵行为发生的，这也就为攻击者提供了攻击的漏洞。攻击者可以利用异常行为潜移默化地训练入侵检测系统，使入侵检测系统逐渐无法识别入侵行为而渐渐失效。

近年来，随着机器学习和深度学习技术的蓬勃发展，一些基于这些技术的入侵检测系统也相继被开发出来。基于机器学习的入侵检测技术主要分为有监督分类检测方法和无监督分类检测方法，常见的技术有决策树、朴素贝叶斯、逻辑回归、SVM、K-means、集成学习等。

Heller 等[4]将 Windows 中程序对于注册表的访问记录作为数据源，利用 SVM 对特征数据进行分析分类，以分析主机中是否有入侵进程。李勃等[5]将由多个机器学习模型包括朴素贝叶斯分类器、决策树分类器、K 近邻分类器、多层感知器分类器整合而成的集成学习模型作为入侵检测系统的核心算法，用于检测针对数据库的访问是否含有恶意入侵行为。基于机器学习的入侵检测技术相比于基于简单数据统计的入侵检测技术具有更高效的学习率，更强的稳健性，以及更广泛的应用场景，另外，与专家系统相比，基于机器学习的入侵检测技术具有良好的可扩展性和学习能力，长久来看更容易维护。

图 4-4 展示了基于机器学习与基于深度学习的入侵检测流程框架。相比于基于机器学习的入侵检测技术，基于深度学习的入侵检测技术更为智能，甚至可以跳过特征选取阶段和数据结构化阶段，直接通过原始数据学习和分析可能的入侵行为。常见的基于深度学习模型 DNN(Deep Neural Network，深度神经网络)、CNN(Convolutional Neural Network，卷积神经网络)、LSTM(Long Short-Term Memory，长短期记忆网络)的入侵检测模型包括 DNN-IDS、CNN-LSTM 等。基于深度学习的入侵检测技术往往更侧重于对流量进行分析和特征提取。深度学习中的神经网络可以自动分析原始数据中的表层特征和深层特征，且得到的特征往往可以比人类专家分析得到的特征更为高效和准确。

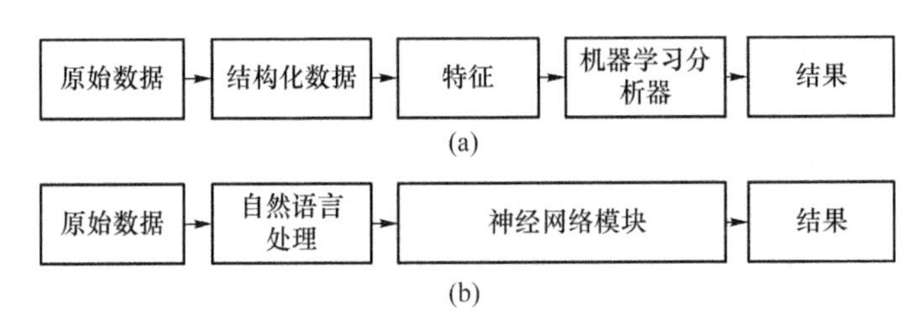

图 4-4 基于机器学习与基于深度学习的入侵检测流程框架

基于深度学习的入侵检测技术同样也更为灵活。传统的入侵检测技术一般基于主机或网络日志，而基于深度学习的入侵检测技术可以将数据源扩展得更为广泛。文献[5]通过将网络流量映射为一张流量图谱，之后再利用有关图像的深度学习技术来进行流量分析。这种技术充分利用了图像能够有效保留流量与流量关联性以及流量序列时间性的信息，在入侵检测中具有很高的价值。

一些入侵检测系统还运用了基于图神经网络的入侵检测技术。相比于传统的数据结构，图数据结构包含十分丰富的关系型信息，在入侵检测过程中，人们也更为注重前后关联与水平关联的数据。由于图神经网络相比于传统神经网络在处理节点关系方面也具有一定的优势，所以基于图神经网络的入侵检测系统在多个数据集上的表现相比于传统神经网络依然相当出色[6]。

除了使用神经网络的图之外，还有基于攻击图的入侵检测方法。使用攻击图后，入侵检测系统可以大大地提高入侵检测效率。攻击图既可以通过人工手动制作，也可以基于数据挖掘技术利用已有的攻击模式生成[7]。

3. 内部入侵检测场景

常见的内部入侵检测场景包括基于数据库的内部入侵检测、基于主机的内部入侵检测、基于网络流量的内部入侵检测，以及工业互联网领域中的内部入侵检测等其他场景。除此之外，还有基于蜜罐与蜜网的内部入侵检测。

(1) 基于数据库的内部入侵检测

基于数据库的内部入侵检测是内部入侵检测中的重要任务，由内部入侵数据库，其危害性远大于其他入侵方式。该入侵检测方式主要依靠数据库产生的日志文件以及调用数据库使用的 SQL 语句。该类入侵检测系统的一般架构如图 4-5 所示[8]。

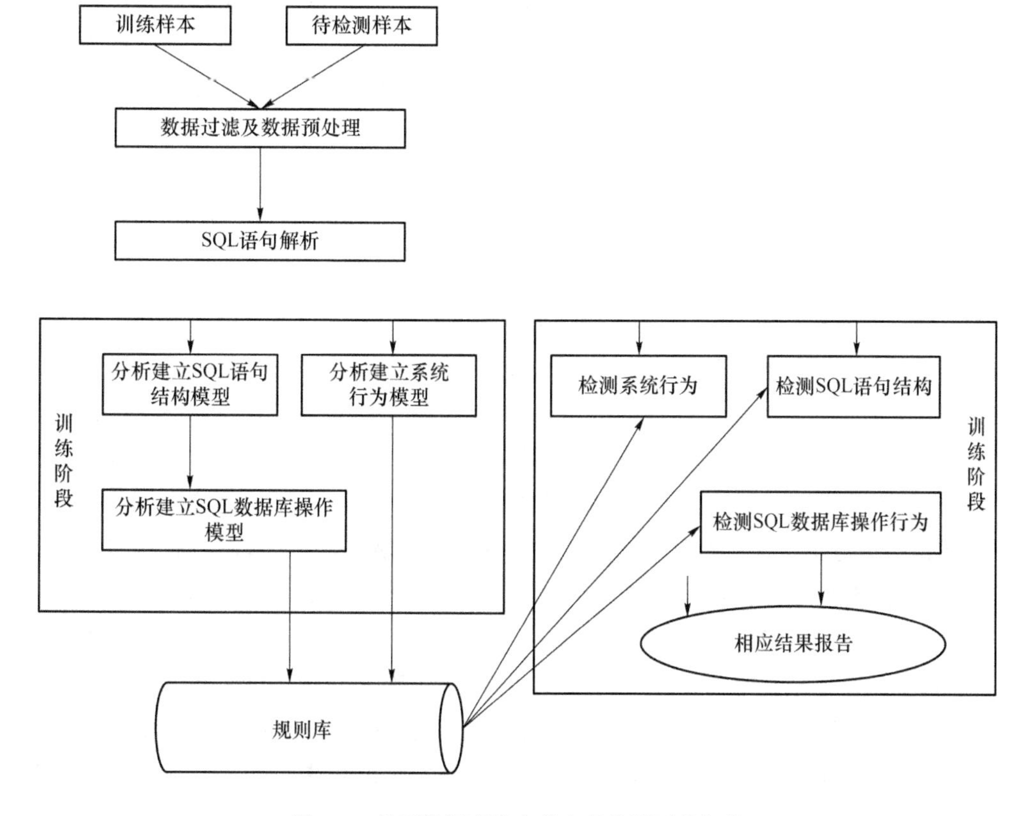

图 4-5 基于数据库的内部入侵检测系统架构

首先，是数据采集与预处理阶段。该阶段通过收集数据将 SQL 语句转化为系统可识别的结构化数据。通常可以采用一个五元组的方式来表示一次 SQL 语句的执行：＜Time, IP, ID, Page, Command＞，分别表示该语句的执行时刻、源 IP、用户名、提交方式，以及 SQL 语句内容。其中 SQL 语句还可以继续分为关键字部分和非关键字部分。其次，在训练阶段将获取到的数据送入训练器进行训练，该训练器可以使用机器学习或深度学习中的相关方法实现。例如使用支持向量机、模糊 c-均值算法[9]、K-均值方法等。最后，依据训练模型得到规则库，在后续的检测阶段即可针对新的 SQL 语句进行分析和检测。

此外，针对基于数据库的内部入侵检测的检测对象，可以将入侵检测系统分为基于事务级别、基于访问控制模式(独立用户模式)和基于 RBAC 模式(多用户多角色模式)的检测方法。文献[10]中提出,在基于 RBAC 模式的数据库内部入侵检测的方法中,传统方法仍具有用户行为表示不充分,缺乏对用户角色标签信息的利用,检测模型在具体环境中判定能力不足导致检测效果差等问题,因此该领域仍有研究空间。

(2) 基于主机的内部入侵检测

在内部入侵检测中,针对主机的入侵一般由硬件开始。其中 USB 设备入侵尤为严重。USB-HID(USB-Human Interface Devices)攻击技术是近年来新兴的一种恶意硬件攻击技术。攻击者利用 USB-HID 协议漏洞将恶意硬件伪造为键盘、鼠标等输入设备,一方面可以控制目标计算机,另一方面也可以从硬件层面获取用户键盘按键、鼠标操作等信息。这种技术将恶意代码隐藏在芯片固件内,隐蔽性极强,使用传统的反病毒软件和入侵检测系统难以防御。而且该技术发展迅速,波及范围广,支持 USB-HID 协议的操作系统都有被入侵的风险。另外,该技术还具有网络封锁条件下的攻击方式,因此已经严重威胁到用户和企业的安全。

USB-HID 攻击技术最早公开出现于 2010 年美国黑客安全大会上。某研究团队使用 Teensy 的可编程嵌入式 USB 开发工具,制作了一种通用的 USB-HID 攻击套件,向人们展示了一个可以躲过反病毒软件和入侵检测系统的攻击过程。自此基于 USB-HID 的攻击研究开始兴起。针对这一硬件漏洞,有文献提出了一些宝贵的建议[11]。由于长期以来硬件外设一般不会造成系统入侵行为,因此多数总线协议(如 USB、PCI 等)在设计之初未考虑安全性。但随着嵌入式芯片处理能力的进步,从外围设备入侵变得不再是幻想。因此在设计入侵检测系统时,第一,要假设系统所连接的外围硬件设备是不可信的,在外围设备连入主机时,入侵检测系统要实时监控外围设备;第二,建议对外围设备设置认证机制,以保证系统核心数据不被泄露。针对不可信的外围设备的入侵检测,现有的检测方式有基于用户搜索模式、基于击键与鼠标动力学、基于用户行为模式、基于屏幕交互等方式。

另有研究指出[12],要针对恶意 USB 设备实现有效的入侵检测和监控,基于 IRP(I/O Request Package)拦截技术的 USB 设备监控系统相对严密、可靠,能够有效地管理 USB 设备;也可以通过分析此类 USB 设备的文件内容,以及区分设备的性质的方式来管理 USB 设备。此外,还可以利用虚拟化技术或加入中间设备的方式来截获 USB 与主机之间的通信信息,从而利用入侵检测技术实现拦截和防御的功能。

除了硬件方面以外,针对主机的入侵行为也包括软件层面或系统层面的入侵。有文献利用针对系统调用的检测实现了一个入侵检测系统[13]。如图 4-6 所示,该系统分为三个模块,包括数据处理、检测模块、交互模块。在公开数据集上进行的实验证明,该系统使用卷积神经网络进行入侵检测的性能最好。

(3) 基于网络流量的内部入侵检测

基于网络流量的入侵检测技术经过多年的研究,已经形成了一套庞大的体系。但传统的外部入侵检测,一般针对 DDOS(Distributed Denial-of-Service,分布式拒绝访问)攻击、SQL 注入攻击、提权攻击等,而针对企业内部的入侵检测则面临更多的问题,例如内网设备漏洞管理松散,用户权限不一致,涉密信息分散等[14]。因此对于内部入侵检测,应将更多的

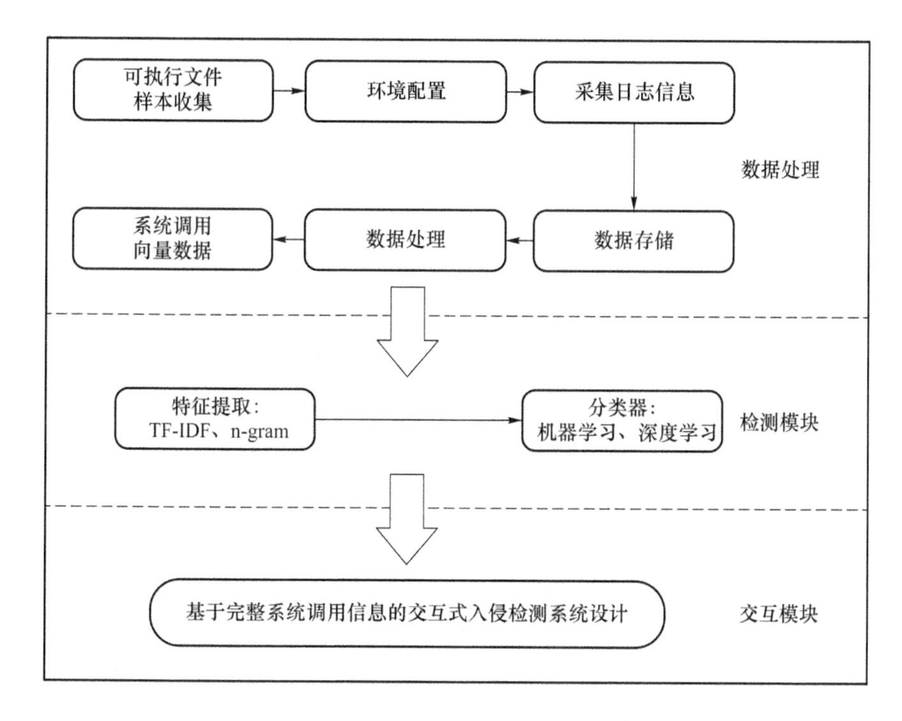

图 4-6 基于系统调用的入侵检测系统

注意力放在数据库安全、邮件安全、无线网络安全等方面。此外,加强网络设施管理也是一种必要手段。总之,对网络流量的监控仍然是构建内部入侵检测的核心。

钓鱼攻击是渗透到企业内部实施破坏的重要手段。传统恶意邮件的检测技术一般有贝叶斯分类、决策树等[15]。文献[16,17]提出了基于机器学习和深度学习的恶意文本检测技术,可以用于恶意邮件检测。但一般情况下,钓鱼邮件具有很强的迷惑性,仅仅检测文本是不够的,因此有文献给出了其他方法来检测钓鱼攻击的入侵。该文献将邮件的头部、内容、HTML(HyperText Markup Language,超文本标记语言)信息以及文本中的某些特定词等信息作为特征,经过数据处理和基于强化学习的动态进化神经网络进行检测,可以得到不错的效果[18]。

企业内部的无线网络也是重要的入侵检测重地。随着无线网络的发展,针对 WLAN (Wireless Local Area Network,无线局域网)的攻击方式也越来越多,例如无线电信号干扰、WEP 漏洞、设立虚假访问点等。当 WLAN 具有以下特征时,它容易受到安全威胁:未加密的无线流量,易受攻击的 WEP(Wired Equivalent Privacy,有线等效保密)和 WPA (Wireless Application Protocol,无线应用协议)预共享密钥,未授权的接入点,易于绕过的 MAC 地址(Media Access Control Address,媒体访问控制地址,也叫物理地址)控制,可以自行触摸的无线设备,默认配置设置等。针对 WLAN 的攻击一般有:密文流的被动攻击和解密,主动攻击逐个进入密文流,对收发器两端的主动攻击,基于字典的攻击,Dos 攻击,强制服务和执行等[19]。针对 WLAN 攻击的入侵检测系统则需要更强的硬件能力,一般需要在路由上设置基于硬件的入侵与防护设备。在软件层面,文献[20]则提出了一种基于

Agent 的分布式协同入侵检测方案，并通过设置数据收集、本地检测、协作检测、本地入侵响应、全局入侵响应和安全通信等功能模块来进行软件层面的入侵检测防护。

（4）工业互联网领域中的内部入侵检测

随着5G、物联网和其他网络技术的发展，工业控制系统也逐渐向着网络化、开放化的体系发展。在这种背景下，针对工业互联网的安全保护措施却还未跟上。工业互联网涉及工业控制、互联网、信息安全等多个领域的交叉融合，又面临传统互联网安全和工业安全的双重风险，研究的挑战与前景并存。2010 年曾爆发的震网病毒，就是一种工业互联网病毒。它通过 U 盘的形式从设施内部入侵，攻击了伊朗用来制造核电站燃料“浓缩铀”的离心机设备，导致该机构中约五分之一的离心机报废，从而大大地延迟了伊朗的核计划。因此，随着国家之间网络空间安全意识的日益增强，如何做好工业互联网的安全防护依然是一个重要的命题。

工业互联网领域的入侵检测系统，仍然可以使用传统互联网的入侵检测方法，例如采用模式匹配识别网络流量、主机日志、数据库日志等，也可以采用工业领域中特有的方式，例如将控制器和传感器的输入输出信号作为检测对象，通过统计、数据挖掘、机器学习等方式判断其值是否偏离正常。针对工业互联网中的安全问题，有文献给出了几种解决方案[21]。

工业互联网中的设备和通信协议繁多，其设备通常除了工业控制计算机、路由器等传统互联网计算机设备外，还有嵌入式设备、传感器等小型工业控制与采集设备，而通信协议也包括 CAN（Controller Area Network，控制器局部网）总线协议、CoAP 协议（Constrained Application Protocol，约束应用协议）、MQTT 协议（Message Queuing Telemetry Transport，消息队列遥测传输协议）等多种通信协议。因此在基于模式匹配方法的入侵检测的数据采集过程中，使用的特征可以有通信类型、IP 地址、MAC 地址、端口号、modbus 功能码、时间戳等。若将基于工业传感器或控制器的信号作为入侵检测的数据源，则可以采用如贝叶斯框架下的二元假设检测方法、最小二乘检测方法，基于 Innovation 统计特性分析的卡方检测器以及基于残差生成原理的入侵检测方法。最后，文献[21]还指出，借助机器学习等人工智能算法，工业互联网领域还可以使用设备指纹方法来发现众多设备中发动攻击的攻击源，从而提高内部入侵检测效率。

（5）基于蜜罐与蜜网的内部入侵检测

蜜罐与蜜网作为一种陷阱网络，常常用来辅助入侵检测以获取更有价值的情报。蜜罐是将伪造的系统设置为诱饵，利用伪造的重要信息吸引攻击者攻击，进而捕获有关攻击者的重要信息，为入侵分析和反制提供依据。而蜜网是蜜罐的进阶版，不仅模拟了虚拟的主机，还模拟了一个脆弱的网络。这不仅提高了模拟的真实性，还更便于入侵检测系统对该网络进行监测。在内部入侵检测中，利用蜜罐可以大大地提高检测效率。一方面蜜罐会诱导内部攻击者加速实施攻击，另一方面蜜罐中也有丰富的入侵检测监控程序，能够高效地分析出攻击行为。蜜罐在内部入侵检测中具有如下特点[22]。

- 具有较小的数据集，因为蜜罐相比于传统入侵检测方法，只收集与蜜罐相关的数据。

- 较低的误报率,因为针对蜜罐的访问一般大多是攻击行为。
- 可以解析加密协议,因为蜜罐作为攻击的终结点,天然地可以解密攻击流量。
- 高效且资源占用率低。
- 有限的监控范围,因为蜜罐只负责监控自身流量,因此会忽略绕过蜜罐的攻击流量,此时可以使用蜜网代替蜜罐。

利用蜜罐进行内部入侵检测,可以将蜜罐运行在一台物理机或虚拟机中,并部署操作系统与伪装的关键服务。蜜罐需要经过配置,将产生的日志自动转发至内部入侵检测系统中。入侵检测系统与蜜罐之间要有一定的网络隔离防护,以便保护入侵检测系统不受攻击。文献[23]给出了利用蜜罐进行内部入侵检测的设计方案,如图 4-7 所示。

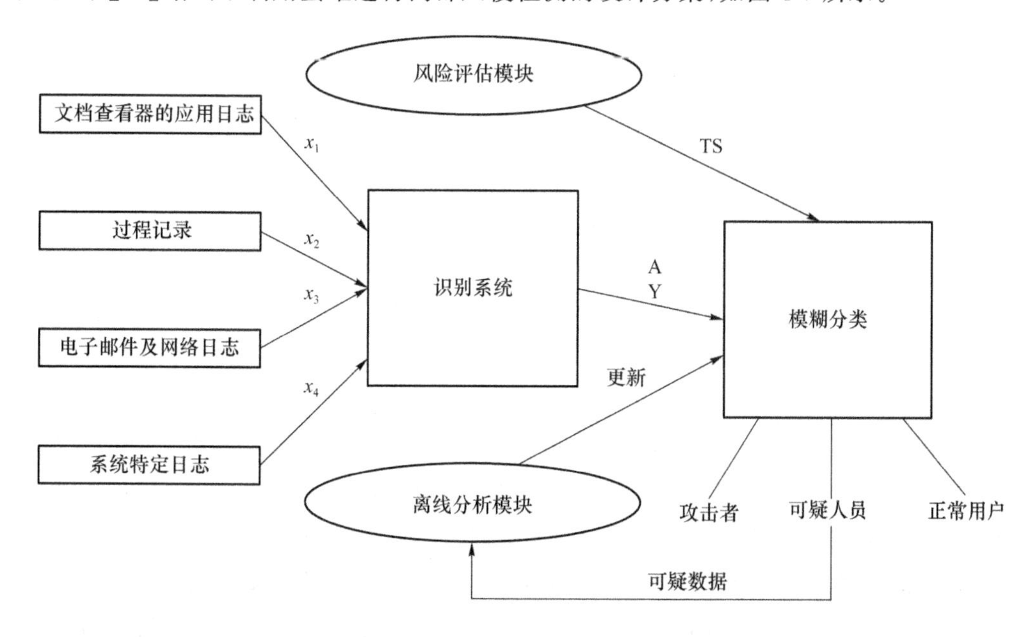

图 4-7 基于蜜罐的内部入侵检测与防护框架

利用蜜罐进行内部入侵检测的设计方案是将蜜罐传输过来的日志作为输入交给入侵检测系统,入侵检测系统依据分析模块对数据进行分析分类,同时利用风险分析模块对入侵活动定级。研究者将后续的数据分析过程分为 3 个阶段。第一阶段依据系统活动从非正常行为中分离出非正常的系统事件和系统活动,第二阶段分离出非正常的硬件变动,第三阶段则是依据优先级将危害较大的活动分离出来。分离工作依据基于对行为的分析识别。最终搭建实验平台进行验证,并达到较好的预期结果。

4.4 内部入侵检测技术发展趋势

内部入侵检测相对于传统的入侵检测具有新的特点和挑战,因此对于内部入侵检测的发展,除了运用传统入侵检测技术外,还需要关注硬件级别的入侵检测,提高数据库入侵检测能力,智能化入侵检测手段,增强应用层入侵检测和流量分析,提高实时性能以应对高速网络的入侵检测，标准化入侵检测系统以适配其他网络安全设备与方案。

此外，随着 IPv6 的快速发展，网络正朝着扁平化的方向发展，因此对于单机的安全防护以及大流量分析的工作也变得至关重要。而内部入侵检测技术正是这种趋势下的先锋技术。

随着网络流量的增大，网络速度的提升，针对大流量、大数据的内部入侵检测系统的研究也逐渐成为网络安全的焦点。为了应对这一趋势，分布式智能协作式的入侵检测方案也不失为一种可行的技术。

由于内部入侵检测具有攻击源就在监控范围下的特点，因此一些特殊的内部入侵检测技术也可以使用。利用行为分析和人体工程（如击键、鼠标轨迹等）的分析技术在一定条件下也可以作为一种选择。

在内部入侵检测中，预防针对数据库的攻击活动最为重要。因此对于数据库的防护也是目前的研究重点。如何基于事务级、用户级、角色级对数据库流进行检测，以及如何设计大数据、大流量下的数据库安全防护系统也是内部入侵检测下的重要工作。

除了针对数据库的流量检测外，其他应用层服务也需要得到兼顾。近年来一些新型的入侵检测技术也可以用到内部入侵检测中，且大部分技术基于神经网络发展而来。例如将自然语言处理技术运用到流量分析中，或将流量映射为图像的方式进行与时间关联的流量分析，或使用图神经网络分析流量的关联性，或使用递归神经网络做时间序列型流量分析等。

随着近年来零信任网络的兴起，在零信任网络下进行入侵检测也成为一种研究趋势。例如，近年来一些国外的互联网公司由于新冠肺炎疫情，不得不允许员工居家办公，而员工使用个人设备远程办公，就涉及外部不可信设备连入本地网络造成的安全隐患。构建零信任网络正是这一隐患的优秀解决方案，而针对零信任网络的安全保障工作，内部入侵检测系统是一道重要的防线。因此在零信任网络下的入侵检测也是一个重要的研究领域。

此外，针对 APT 攻击事件不断发生，传统的入侵检测技术难以防御，因为 APT 攻击正是利用传统入侵检测技术的漏洞来实现渗透行为，而内部入侵检测则是企业和机构的第二道防线。APT 攻击者一般在突破外部防御后，转为在内部实施窃取和破坏行为，因此构建内部入侵检测系统便可以检测到这一类入侵行为。

总之，在内部威胁技术体系中，内部入侵检测作为该技术体系中的“眼睛”，具有相当重要的地位。因此对于内部入侵检测的研究也是一项重要工作。如何构建一个安全可靠的内部入侵检测系统正是当下需要思考和研究的问题。

参考文献

[1] 魏欣杰，马建峰，杨秀金. 计算机系统安全管理：入侵检测原理及应用[J]. 通信保密，1998(1):38-45.

[2] HOCHBERG J，JACKSON K，STALLINGS C，et al. NADIR：An automated

system for detecting network intrusion and misuse[J]. Computers & Security, 1993, 12(3): 235-248.

[3] LEE W, STOLFO S J. Data mining approaches for intrusion detection[C]//Proceedings of the 7th conference on USENIX Security Symposium-Volume 7. 1998: 6-6.

[4] HELLER K, SVORE K, KEROMYTIS A D, et al. One class support vector machines for detecting anomalous windows registry accesses[C]//Workshop on Data Mining for Computer Security(DMSEc). Melbourne, Austrilia: 2003.

[5] 李勃,寿增,刘昕禹,等.融合密度聚类与集成学习的数据库异常检测[J].小型微型计算机系统,2021,42(3):666-672.

[6] LO W W, LAYEGHY S, SARHAN M, et al. E-graphsage: A graph neural network based intrusion detection system for iot[C]//NOMS 2022-2022 IEEE/IFIP Network Operations and Management Symposium. Budapest, Hungary: IEEE, 2022: 1-9.

[7] LI Z T, LEI J, WANG L, et al. A data mining approach to generating network attack graph for intrusion prediction[C]//Fourth International Conference on Fuzzy Systems and Knowledge Discovery (FSKD 2007). Haikou, China:IEEE, 2007, 4: 307-311.

[8] 赵宇.探究入侵检测系统在数据库安全及防范中的应用[J].统计与管理,2021,36(6):67-72.

[9] 王健.网络异常检测的关键技术研究[D].南京:南京邮电大学,2020.

[10] 喻露,罗森林.RBAC模式下数据库内部入侵检测方法研究[J].信息网络安全,2020,20(2):83-90.

[11] 张文安,洪榛,朱俊威,等.工业控制系统网络入侵检测方法综述[J].控制与决策,2019,34(11):2277-2288.

[12] 唐文誉.针对恶意USB设备的攻防技术研究[D].上海:上海交通大学,2017.

[13] 王丽媛.基于完整系统调用信息的交互式入侵检测系统设计与实现[D].合肥:中国科学技术大学,2020.

[14] 宋剑.基于内部网络安全防范方案的设计[J].中国新通信,2021,23(3):123-124.

[15] SHIH D H, CHIANG H S, YEN C D. Classification methods in the detection of new malicious emails[J]. Information Sciences, 2005, 172(1-2): 241-261.

[16] HARIKRISHNAN N B, VINAYAKUMAR R, SOMAN K P. A machine learning approach towards phishing email detection[C]//Proceedings of the Anti-Phishing Pilot at ACM International Workshop on Security and Privacy Analytics (IWSPA AP). [S. l.]: [s. n.], 2018, 2013: 455-468.

[17] BACCOUCHE A, AHMED S, SIERRA-SOSA D, et al. Malicious text

identification: deep learning from public comments and emails[J]. Information, 2020, 11(6): 312.

[18] SMADI S, ASLAM N, ZHANG L. Detection of online phishing email using dynamic evolving neural network based on reinforcement learning[J]. Decision Support Systems, 2018, 107: 88-102.

[19] 李航,单洪. IEEE 802.11 的安全性研究现状[J]. 电脑知识与技术,2019,15(26): 50-52.

[20] ZHANG Y G, LI W K. Intrusion detection in wireless ad-hoc networks[C]// Proceedings of the 6th annual international conference on Mobile computing and networking. Association for Computing Machinery: Massachusetts, Boston, USA, 2000: 275-283.

[21] 姜建国,常子敬,吕志强,等. USB HID 攻击与防护技术综述[J]. 信息安全研究, 2017,3(2):129-138.

[22] SPITZNER L. Honeypots: Catching the insider threat[C]//19th Annual Computer Security Applications Conference, 2003. Proceedings. Las Vegas, NV, USA: IEEE, 2003: 170-179.

[23] YAMIN M M, KATT B, SATTAR K, et al. Implementation of insider threat detection system using honeypot based sensors and threat analytics[C]//Future of Information and Communication Conference. [S. l.]: Springer, Cham, 2019: 801-829.

第5章　云计算内部威胁

5.1　云计算内部威胁背景

根据国际云安全联盟(Cloud Security Alliance, CSA)的报告[1],恶意内部人员(Malicious Insiders)威胁是云计算模式面临的最严重的十二大安全风险之一。云计算模式的本质特征是数据所有权和管理权的分离,即用户将数据迁移到云平台上,借助云计算平台实现对数据的管理。由于用户失去了对托管在云平台上的数据的直接控制能力,云服务的推广和有效使用很大程度上取决于云计算平台的可信性。相比于传统模式下内部威胁的研究和防御技术[2-5],云计算模式的引入带来了很多新的安全问题和挑战[6,7],亟须找到有效的解决办法。

① 云平台管理权限划分存在安全风险。在云计算环境下,数据中心基础设施、云平台管理系统、虚拟机管理器(Virtual Machine Management, VMM)等都会给云管理员以相应的管理接口对云平台的物理服务器和虚拟化组件进行管理。通过这些管理接口,云管理员(包括云平台管理员、虚拟镜像管理员、系统管理员、应用程序管理员等)可利用特权对客户主机非法侵入或窃取用户隐私数据。由于云管理员本身属于防范边界内受信任的实体,传统的安全策略难以防范,例如云平台管理员转储虚拟机内存并分析其中的用户数据[8,9]。

② 云平台体系结构存在安全风险。除了主机安全、网络安全、应用安全这三种传统的安全点以外,云平台体系结构存在特有的安全风险。内部人员了解云计算模式的组织结构和应用程序特点,可利用其中的漏洞实施恶意攻击。例如部署在云计算环境下的不同区域的多服务器程序同步消息时,一般情况下同步过程比传统的处于同一区域的本地服务器程序要慢,恶意内部人员可利用这一时间差作恶,窃取数据以获取利益[10]。

③ 复杂的数据资源和访问接口。在云计算模式下用户和资源的关系是动态变化的,云管理员和用户往往并不在相同的安全域中,用户使用的访问终端也是多种多样的,需要动态访问控制。基于传统的安全认证并不能防止内部人员作恶,对客户主机非法入侵。例如恶意云管理员可以截获用户虚拟机的访问会话进入虚拟机。

云平台收集的证据存在不可信的安全风险。在云平台运营过程中,很有可能发生诸如硬件或软件错误、云平台配置错误、云管理员操作不当引起的人为错误等。然而,当面临审计、取证和问责时,云管理员为了逃避责任,可能故意删除、修改日志,从而导致可信证据缺失。由此可见,云平台无法自身证明其收集证据的可信性,用户也很难取得证据证明云平台数据的可信。

由于云平台内部管理人员具有窃取用户隐私数据的特权，云计算模式相比于传统计算模式引入了很多新的安全问题，给传统的安全防御方法带来了巨大的挑战，研究人员应对云计算模式内部威胁攻击方式以及防御措施展开研究。研究云计算模式内部威胁防御技术在云计算和大数据时代变得前所未有得迫切和重要，对保障国家网络空间安全、维护公民信息资产安全具有重要价值。深入理解云计算模式内部威胁工作原理和关键技术，总结云计算模式内部威胁的类型特点和演化规律，研究云计算模式内部威胁攻击与防御技术对于学术和工程实践均具有重要意义。因此，云计算模式内部威胁的研究和防御变得尤为重要，也是近年来学术界和工业界共同关注的热点[6-12]。

当前国内的内部威胁研究水平落后于国际，应给予充分重视。目前 CERT 安全事件数据库中关于云计算模式内部攻击的案例并不多见[10]，很多公司即使发生了内部攻击也不愿主动向外界公开。对于云计算模式内部人员的作恶手段，大部分研究还停留在设想和理论阶段，缺少实际的内部人员攻击案例。本章针对真实的云平台，构建和实施切实可行的内部人员攻击实例，从而让云平台内部威胁防御更“有的放矢”。为进一步深入研究云计算模式内部威胁问题及其应对措施，本章从具体方式方法上做系统的归纳和梳理，对云模式下内部威胁问题的研究方向进行了展望。

5.2 云计算内部威胁典型场景和攻击实例

5.2.1 云计算内部威胁典型场景

云计算平台和服务在给组织及企业提供灵活性、可扩展性和可靠性等优势的同时也带来了相应的安全问题。内部威胁是云计算的主要风险领域之一，并且内部威胁相比于外部威胁更可能对组织造成更多的损害。

云计算中的内部人员一般有两类：为云计算提供商工作的内部人员；使用云计算服务并外包其数据及 IT 基础设施的组织中的内部人员。

CERT 将云计算相关的内部威胁划分成如下三种类型[7]。

第一种类型是云计算提供商中的恶意管理员。这类人员在云中拥有对各类数据的访问权限，因而可以接触到其他组织或企业外包的敏感数据。他们可能会出于经济上的诱因而窃取各组织的机密数据，包括源代码、商业计划、战略计划等。他们也可能会破坏 IT 基础设施。一个案例是一个组织使用云服务提供商的 IaaS 服务（Infrastructure as a Service，基础设施即服务）。IaaS 产品通常在一台机器上运行一个承载多个虚拟机（Virtual Machines，VM）的监管程序（Hypervisor）。VM 文件可以在宿主机中备份，也可以拷贝到其他机器上。但虚拟机的特性对于用户来说是透明的。一个云服务提供商的 IT 管理员可以拷贝客户的虚拟机文件，而客户完全不会察觉，并且他们可以利用自己的技能尝试破解客户系统的特权账户密码，能够在客户不知情的情况下任意访问客户操作系统的资源，窃取存储在其中的敏感文件。

第二种类型是客户组织中的内部人员，其尝试利用自己的组织因使用云服务而产生的漏洞。这类人员会尝试绕过现有的安全策略获取对敏感数据的访问权限，然而组织很难直接管控部署在云端的系统和数据，使得这种行为很难被预防。一个案例是一个组织内的雇员打开了一个有病毒的文件，而使自己的机器感染了恶意软件。恶意软件通过利用漏洞获取了组织内部邮件云服务的访问权限，并开始将其中的敏感数据发送给外部的攻击者。虽然组织内部可能会检测到恶意软件的攻击，但可能因无法直接管控云端的系统，而没有办法快速地响应该威胁事件以阻止机密数据的泄露。

第三种类型是内部人员利用云服务进行恶意的活动。这种类型的内部威胁描述的是组织中的内部人员将云服务作为工具，对其他的计算机、数据、网络系统进行攻击。比如，内部人员可能会利用云服务的计算能力来破解组织内的某些加密文件，也可能会利用云服务器对自己的组织进行 DDOS 攻击等。

无论在基础设施中部署了怎样的技术和操作对策，对意外或恶意的人类行为进行防御都是很难做到的。内部威胁几乎影响到每一个基础设施，几十年来仍然是一个开放的研究问题。虽然云计算中内部威胁的表现还没有得到充分的研究，但在传统的 IT 基础设施方面，已经有一些研究专注于这个问题。鉴于云计算的功能背景，一个能够访问云资源的恶意内部人员会对组织造成更大的损害。此外，由于攻击可以影响大量的云用户，这种攻击的影响将是巨大的。为了全面研究这个问题，我们建议应在两个不同的背景下研究这个问题：第一，云计算提供商中的内部威胁，即内部威胁人员是为云提供商工作的恶意雇员；第二，云计算外包商中的内部人员威胁，即内部威胁人员是一个组织的雇员，该组织将其部分或全部基础设施外包给了云提供商。

1. 云计算提供商中的内部威胁

第一个背景下的恶意内部威胁人员是一个为云计算提供商工作的恶意的内部管理员。恶意的内部管理员为云计算提供商工作，由于在云计算提供商中的业务角色，内部人员可以使用授权用户权限来访问敏感数据。例如，负责对客户资源托管的系统（虚拟机、数据存储）进行定期备份的管理员，可以利用特权访问各种数据备份，从而泄露敏感的用户数据。检测这种对数据的间接访问，可能是一项具有挑战性的任务。

根据内部人员的动机，在云计算基础设施中的这种攻击的结果会有所不同，从数据泄露到受影响的系统和数据的严重损坏，无论哪种情况，对云计算提供商的业务影响都将是巨大的。只要内部人员有（或可以获得）对数据中心或云管理系统的访问，所有常见的云类型服务 IaaS、PaaS(Platform as a Service，平台即服务)、SaaS(Software-as-a-Service，软件即服务)都同样受到内部攻击的影响。

上述云计算中的内部威胁的影响与经典外包模式中的内部人员的影响相似。因为外包的决定是与暴露敏感数据给外人的固有风险联系在一起的，尽管云计算的不同之处在于它通过 IaaS 和 PaaS 提供了一个整体的外包解决方案。因此，云计算范式可以被用来外包基础设施的大部分，而不是具体的服务，如网络托管或应用程序托管。

2. 云计算外包商中的内部人员威胁

在第二个背景下，内部人员是一个组织的雇员，该组织已经将部分(或全部)IT 基础设施转移到云中。最初，这可能被认为是一个传统的内部人问题。然而，我们认为有许多值得注意的区别。

区别于传统和检测模型：提供商可以使用内部人检测模型来检测恶意的员工。然而，将 IT 基础设施外包的云客户使用这种模型是有问题的。由于潜在的恶意用户正在访问云基础设施，检测模型将不得不把来自云基础设施和用户工作站的数据联系起来。此外，用户分析变得更加困难，因为用户在云中的行为必须作为一个模型参数包括在内，因此需要对现有的模型进行重大改变。另外，对用户行为的广泛记录，可以带来有用的数据。这些数据可以用来进一步研究和描述用户的行为，可能会导致更好的用户分析。只要这些模型没有在云计算的背景下被应用或研究，我们就只能猜测其结果。最坏的情况是，预测系统会得出许多假阳性/阴性的结论，以至于结果不能被信任。因此，就目前而言，现有的检测和预测模型及技术无法在云计算基础设施中运行。

区别于传统场景下的 IDS/IPS：将入侵检测/防御系统(IDS/IPS)作为识别攻击的一种手段，也是有问题的。传统的基于主机的 IDS/IPS 可以在 IaaS 中透明地使用，因为它们通常需要在操作系统上安装一个软件代理，这是由客户控制的。然而，在 PaaS 和 SaaS 中，除非云提供商支持入侵检测/防御机制，否则由于没有可以实际部署到云数据中心的系统，传统的网络 IDS/IPS 是不能使用的。

区别于传统公司的场景职责分离：在传统的基础设施中，有明确的用户角色(系统/网络/数据库管理员等)。在云计算场景中，管理云基础设施(如 IaaS 上的虚拟实例)的人可能与配置防火墙规则的人是同一个人。一些传统云计算产品中的用户，如亚马逊弹性云(EC2)，其中关于虚拟基础设施每个方面的配置都是通过一个简单的基于网络的仪表盘完成的。

攻击源识别：在传统系统场景下，若需访问核心数据可能会需要组织的数据中心的授权用户亲自到现场，并使用特定的访问凭证，即 RFID(Radio Frequency Identification，射频识别)/智能卡，PIN(Personal Identification Number，个人身份码)等。此外，还需要为想要访问的每个系统准备有效的凭证。授权用户的身份和其他信息都将被记录下来，同时可能被监控并用来追踪攻击的来源以作为证据。相比之下，在云计算场景下，获得对云端虚拟基础设施的访问等于获得云端控制台的访问证书，仅有的数字证据可能是 IP 地址，即攻击者登录的地方。在共享凭证的常见情况下，识别实施攻击的个人是一大挑战。

数据泄露：数据泄露攻击在虚拟化的基础设施上更容易实施。拥有管理控制台权限的攻击者可以利用虚拟系统的特定功能为自己谋利，例如保存特定系统的快照或克隆它。在获得目标系统的图像后，可以进行离线修改，规避主机的安全机制，从而获得数据，而原始系统不会显示任何入侵的迹象。

5.2.2 云计算内部威胁攻击实例

为揭示云计算模式内部威胁问题，本小节真实实现了在云计算环境下恶意内部人员窃取用户数据的攻击实例。实例中内部人员可利用自己的特权成功得到用户的隐私数据，例如云管理员可通过修改 Linux 或 Windows 用户虚拟机登录密码侵入虚拟机，在制作虚拟机镜像时安装后门程序，利用内存分析工具将虚拟机内存导出并分析，截获虚拟机的访问会话进入虚拟机等手段窃取用户隐私数据，如图 5-1 所示。

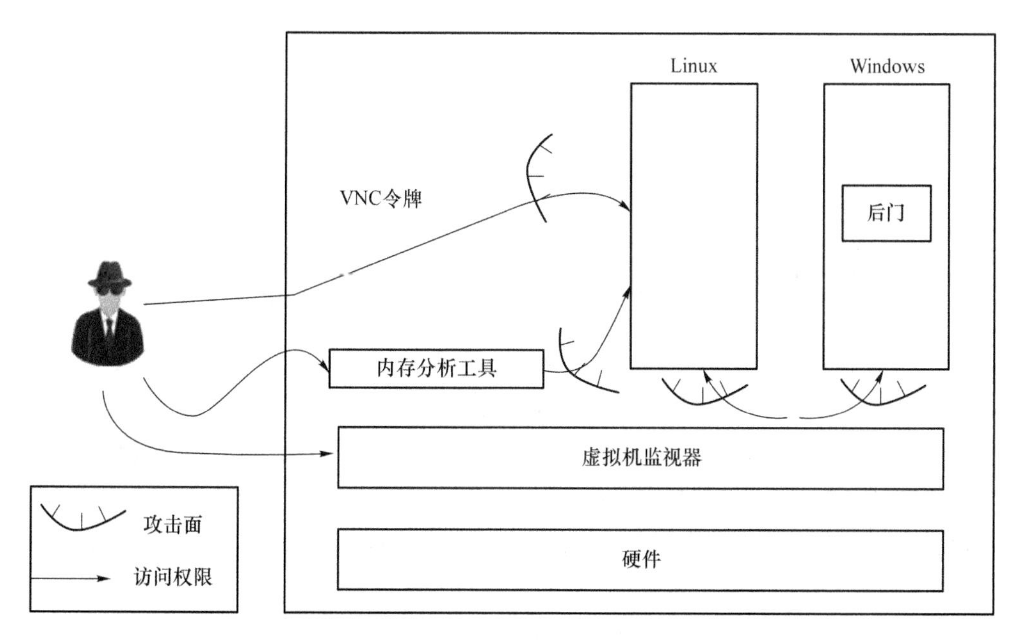

图 5-1　云计算模式内部威胁模型

1. 云管理员删除虚拟机登录密码

云平台上用户的 Linux 虚拟机，其 root 用户密码是用户自己设定的，以防止别人入侵。但云管理员可直接对 Linux 虚拟机磁盘文件进行修改，绕过检测，登入虚拟机窃取数据。如图 5-2 所示，大致过程如下。

① 在主流云平台（如 OpenStack 云平台）下，云管理员登录云平台后，获取某云主机标识符。

② 云管理员登录运行该云主机的物理机，拷贝云主机实例（Instance），并将其挂载到另一个操作系统中。

③ 编辑用户密码文件，将含有登录用户名和密码的一行删除，绕过用户虚拟机的密码登录环节。

④ 云管理员启动该云主机，可无须密码直接登录该云主机，对云主机进行操作。

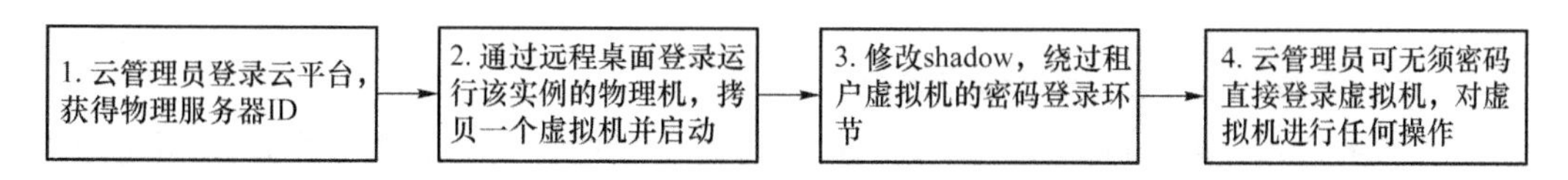

图 5-2　修改 linux 虚拟机密码流程

2．云管理员篡改虚拟机登录密码

主流云平台上的 Windows 虚拟机同样存在着被入侵的风险。如图 5-3 所示，修改 Windows 虚拟机密码大致过程如下。

① 在主流云平台下，云管理员将安装光盘挂载到虚拟机，并以安装盘启动虚拟机。

② 选择修复计算机，在系统恢复选项中，运行命令提示符。在 system32 目录下，用 cmd.exe 替换一其他可执行程序。

③ 重新启动虚拟机，执行被替换的程序，此时实际执行 cmd.exe。

④ 使用命令行方式修改登录密码。

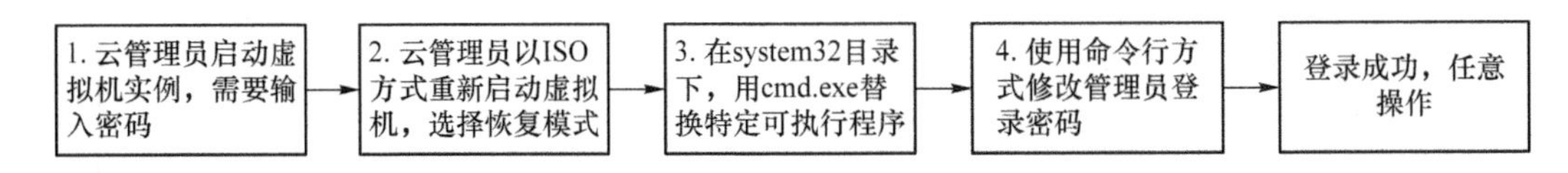

图 5-3　修改 Windows 虚拟机密码流程

3．云管理员制作带有后门或木马的虚拟机镜像

云平台一般拥有大量的计算节点，不可能一个个安装，而是利用虚拟机镜像启动虚拟机。如果镜像由云平台内部管理人员制作，则云管理员可在镜像中轻松植入后门或木马程序。如图 5-4 所示，在使用该镜像生成用户虚拟机时，系统中将会留下后门，使得云管理员轻松获取虚拟机运行中生成的数据。

图 5-4　植入后门程序到虚拟机流程

4．云管理员获取虚拟机敏感信息

如图 5-5 所示，在主流云平台下，虚拟机用户在使用虚拟机时输入了敏感信息。云管理员利用 VMI(Virtual Machine Introspection)[13]工具，导出正在运行的虚拟机的内存，并使用取证工具(如 Volatility[14])分析内存内容，利用关键字符串查找匹配，找到敏感信息的内容。

5．云管理员伪造 URL 连接租户虚拟机

如图 5-6 所示，在 OpenStack 云平台下，云管理员通过更改计算服务配置，导出虚拟机用户以 VNC 方式访问虚拟机的令牌(token)值，从而可以通过构造含有该 token 的 URL (Uniform Resource Locator，统一资源定位器)，连接进入用户虚拟机活动会话的 VNC 桌面。

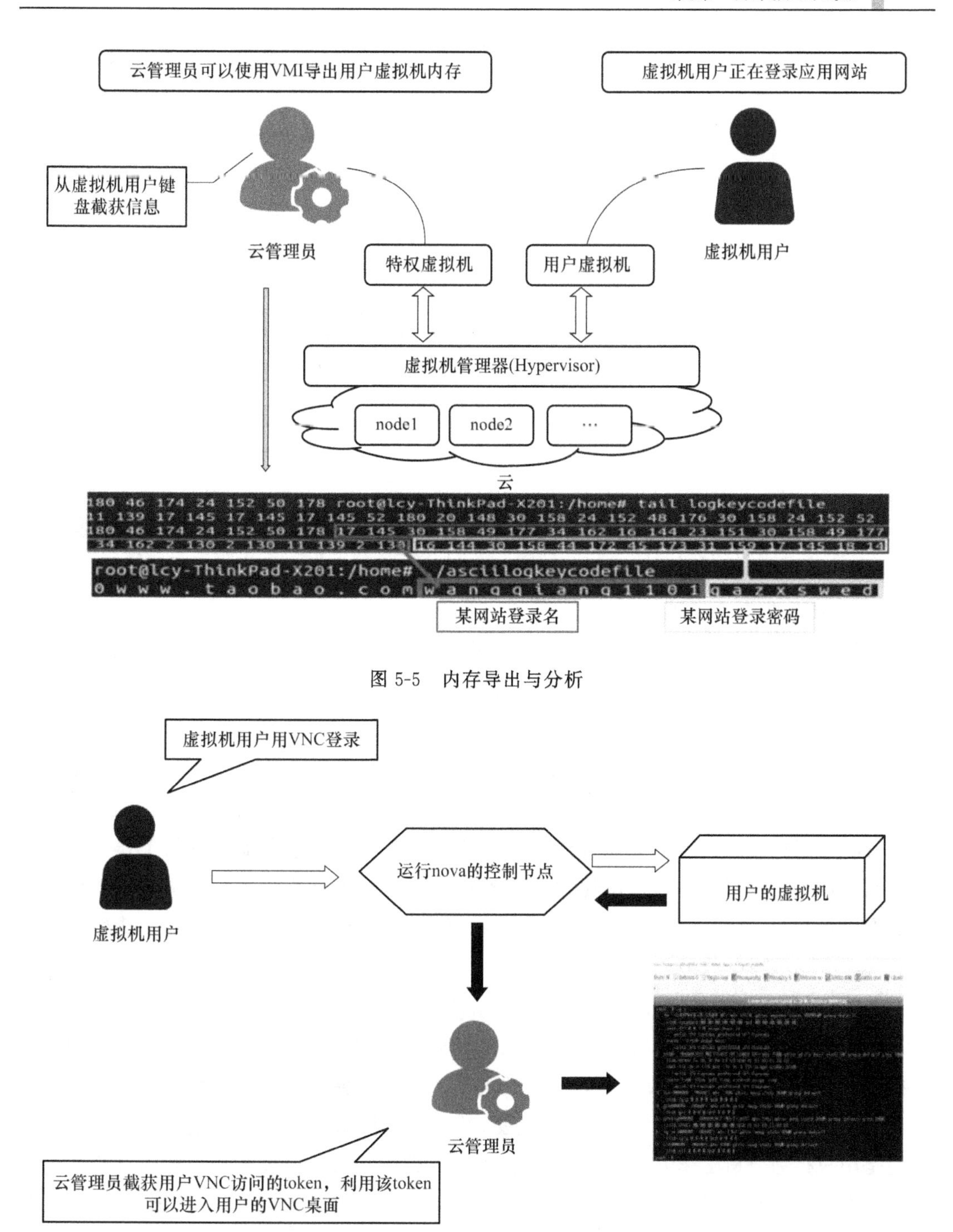

图 5-5　内存导出与分析

图 5-6　截获 token 进入虚拟机

5.3　云计算内部威胁防御方案

相比于传统模式下内部威胁的研究和防御技术，云计算模式的引入带来了很多新的安全问题和挑战,亟须找到有效的解决办法,例如:①云平台管理权限划分存在安全风险;②云平台体系结构存在安全风险;③复杂的数据资源和访问接口;④云平台收集的证据存在不可信的安全风险。本书总结了三类应对云计算模式内部威胁的主要技术路线,即人员评价与行为分析,云管理权限划分和执行时验证,用户可控的数据加密。针对每一类技术路线,本书深入分析了其主要原理、关键技术、最新进展和产业实用性。

5.3.1 人员评价与行为分析

人员评价主要利用心理学和社会学技术,监控并分析内部人员的心理状态变化,一定程度上可以预测他们的恶意入侵倾向,做到防患于未然。行为分析主要通过深度解析历史记录中的用户行为数据形成用户行为特征,然后和用户操作的实时数据作对比,就能够识别出恶意的用户行为并提出预警。人员评价和行为分析可互为补充,协同工作。

1. 人员评价

根据以往的研究报告,内部人员在进行恶意操作之前常常伴有较为明显的心理波动和社会消极言论。监控并分析内部人员的心理状态变化在一定程度上可以预测他们的恶意入侵倾向,做到防患于未然。

内部人员心理分析可包括他们是否以自我为中心、是否为人冷漠、是否承受压力、是否傲慢自大、是否敢于铤而走险、是否有很强的抵触情绪等[15]。较为公认的心理学分析体系包括“黑暗三元组”(Dark Triad)理论和“大五人格”(Big Five)理论。这些理论体系可以将心理学指标数字化,以便更加准确地找出有恶意企图的内部人员。内部人员心理学指标的确定,可以依据多方面数据的综合评估。分析内部人员的网络言论、工作状态或对内部人员进行心理测验可以直接有效地得到心理学数据。也可以根据内部人员的工作环境或人员之间的互相评价间接地分析出他们的心理状态。案例研究证明这种方法对预防内部威胁的发生具有一定的有效性,但这种方法容易侵犯用户隐私,且应用与实践的成熟系统很少,准确性不好验证。

2. 行为分析

用户在使用云平台服务时,会留下大量的日志信息和行为轨迹,我们称之为“用户行为数据”。这些数据在一定程度上反映了用户的个人特征和使用意图。作为用户行为分析的基石,用户行为数据的采集和处理至关重要。因此,如何采集数据和采集什么数据这两大问题是用户行为分析工作开展之前要着重调研和解决的问题。根据用户行为分析中常见的数据类别,目前用于用户行为分析的数据可概括为以下四个类别:用户认证信息、网络数据信息、用户活动日志、用户生物学行为特征。其具体阐述如下。

① 用户认证信息:用户在接入云服务时用于确认用户身份的基本信息,包括用户标志、用户密码、用户指纹等。进一步地,采集用户所在的位置(IP 地址)、用户的权限等级[16]、用户的物理地址[17]也属于直接认证的范畴。直接采集用户的基本认证信息可以准确快速地识别用户,当用户进行恶意操作时,这一类数据有助于直接定位恶意用户。然而仅仅通过采集用户基本认证信息来定位恶意用户的方式并不完善,例如用户名和密码等信息已被他

人窃取[18]，用户的 IP 地址等信息已被伪造。Kent 等[19]基于图的用户分类和入侵检测方法，把网络身份认证活动的数据通过特定的图和图特征表现出来，提供了综合分析用户异常行为的方法。

② 网络数据信息：用户在使用云服务的过程中，会在网络上留下大量的数据信息（网站接入信息、云主机记录、网络输出记录、网站访问记录、防火墙信息、DNS 记录等），深入分析这些信息可以及时发现内部危险行为并进行预警。采集这些细节的网络数据信息，可以从根本上对内部入侵进行防护，但其缺点在于数据收集和整理的工作量。Gavai 等[20]首先提出标志内部威胁的相关特征，如电子邮件交流模式和内容特征、电子邮件频率、登入登出特征、应用程序使用特征、浏览网页使用特征及文件机器访问模式，结合异常分析算法预测异常行为。Mayhew 等[16]使用基于行为的访问控制（BBAC）计算访问者的可信性（如行为和使用模式）及验证文件的属性（如数据依赖关系），以判断活动是否合法。观测内容包括网络连接、HTTP 请求、电子邮件或聊天信息及文档编辑序列。

③ 用户活动日志：用户在使用系统时系统对用户具体操作进行的详细记录。用户活动日志详尽地描述了用户进行的一系列活动，例如 Web 服务器日志[21]、活动目录日志数据[22]、用户使用 UNIX 命令日志[23]等。因此，它被广泛用于检测组织内部人员的可疑活动。由于用户活动日志数据量庞大，且随着用户的活动不断增长，如何使数据分析自动化成为目前面临的一大挑战。

④ 用户生物学行为特征：用户在使用终端进行操作时，硬件可以采集的用户使用模式特征或固有特性，如用户使用键盘和鼠标[24-27]时最常用的使用习惯信息、用户的指纹或虹膜信息[28,29]等。分析这类数据可以准确地判断操作者是否为本人，从而及时发现用户账号、密码被窃取情况。

分析某一用户的生物学行为特征可以模拟出他的使用习惯和个人特征。当其他人员（包括恶意人员）得到该用户的账号和密码并接入系统时，系统会发现其使用习惯或个人特征异常之处，从而引发预警。评价基于用户生物学行为特征的认证分析系统可以从漏报率、误报率、学习构建时间和健壮性四个方面着手。不同角度和侧重点的用户生物学行为特征具有各自的优势和不足，例如：采集并分析用户的指纹或虹膜信息可以最准确地识别用户是否为本人，但需要昂贵的硬件支持和特定采集环境；采集用户键盘的击键序列和击键习惯信息也是一种常见的用户身份验证方式，这种方式的采集实施简单，不需要额外的硬件添加方案，但是容易因为硬件的更换而受到影响，并且在采集生物学行为特征的同时收集大量的用户个人信息（个人密码、输入信息等）。本章选取了以下两种生物学行为特征分析方法进行研究和评估。

分析键盘和鼠标使用习惯可以实时验证用户的行为特征，防止用户登录后暂离时的安全隐患。Zheng 等[24]提出了一种基于鼠标轨迹分析的用户身份验证系统。该系统具有三大优势：较低的漏报率和误报率，较快的验证响应速度，强大的抗模仿能力。根据具体功能的不同，可将该系统划分为四大部分：记录器（Recorder）、预处理器（Pre-processor）、分类器（Classifier）和决策器（Decision）。记录器以四元组（操作类型、时间、X 坐标、Y 坐标）的形式实时记录用户的鼠标轨迹，而后输出到预处理器。预处理器以鼠标点击为分隔整理成多组序列。与此同时，预处理器将原本的四元组数据换算成向量方向(Direction)、曲率角(Angle of Curvature)、曲率距离比例(Curvature Distance)的三元组，从而降低了硬件平台的依赖性，提高了用户之间的独特性。分类器针对每一用户，将本用户的鼠标轨迹信息作为正样本、非本用户的鼠标轨迹信息作为负样本输入支持向量机(SVM)，从而得到本用户的鼠标特征分类。最后，身份验证系统实时采集用户的鼠标轨迹信息，根据分类器的结果进行决策。为使得决策结果更加准确，该系统使用了多数投票法(Majority Votes)作为决策器的主要决策算法。

目前，触屏智能手机广泛应用于公司内部人员的日常工作，然而相比于个人计算机(PC)，终端设备更易丢失或泄露重要办公信息。为解决触屏移动终端被入侵的问题，Sae-Bae 等[25]和 De Luca 等[26]针对目前广泛使用的智能手机，设计了基于触屏使用轨迹的认证系统。相比上述两者的工作，Frank 等[27]实现了触屏轨迹的连续认证(Continuous Authentication)系统，其优点在于认证过程对用户透明且可以分析验证日常的用户操作。从宏观上来讲，Frank 等人构建的系统可分为两大部分：登记学习阶段(Enrollment Phase)和连续认证阶段(Continuous Authentication Phase)。前者是认证系统的数据训练阶段。由于该阶段使用有监督学习，系统需要依赖常规认证手段(如账户密码等)。为更好地采集数据，Frank 等人定义了触发动作(Trigger-Actions)这一概念，触发动作在所有的用户用例中都很常见而且几乎是所有复杂动作的一部分。该系统选定的触发动作有两种：水平划过屏幕；以页面上下移动为目的地垂直划过屏幕。通过不断监听、分析这些动作，系统提取出用户触屏轨迹特征并加以分类。分类学习完成之后，系统进入连续认证阶段。在这一阶段中，系统不间断地采集用户触屏轨迹，并通过分类器识别这些轨迹是否来自合法用户。这一部分的性能(包括认证准确性和响应时间)主要受到登记学习阶段过程中分类精度的影响。当用户的移动终端被窃取时，系统可以及时发现手机遗失，并根据 GPS(Global Positioning System，全球定位系统)定位窃取者。

行为分析需要收集大量用户历史操作数据，存在一定的误报率或漏报率，结合其他技术如人员评价可在一定程度上缓解处理大量数据的压力，降低误报率或漏报率。Greitzer 等[30]描述了一个用于检测内部危险行为并触发报警的预测模型，行为分析结合心理数据，捕获恶意内部人员从事恶意活动的迹象，用于告警。心理学指标包括职场行为、个人行为、人力资源数据等。技术指标包括系统日志、入侵检测、数据防丢失等。该方案使用人员评价来过滤数据，准确性有待验证，需进一步优化改进。

Brdiczka 等[15]提出了一种基于用户日志的图结构行为分析系统，并结合心理学剖析进行威胁综合评定，心理学剖析的加入大大地降低了结构异常分析的误报率，提高了系统的可用性。相对地，结构异常分析的加入使得该系统比单纯进行心理学、社会学分析的系统更加精确、严谨。其系统概况如图 5-7 所示。结构异常分析可分为以下四个步骤。

① 图结构分析(Graph Structure Analysis)：内部员工在进行日常工作时总是大量地重复某些操作，这些日常操作被认为是无害、安全的“正常行为”，图结构分析的作用是将“正

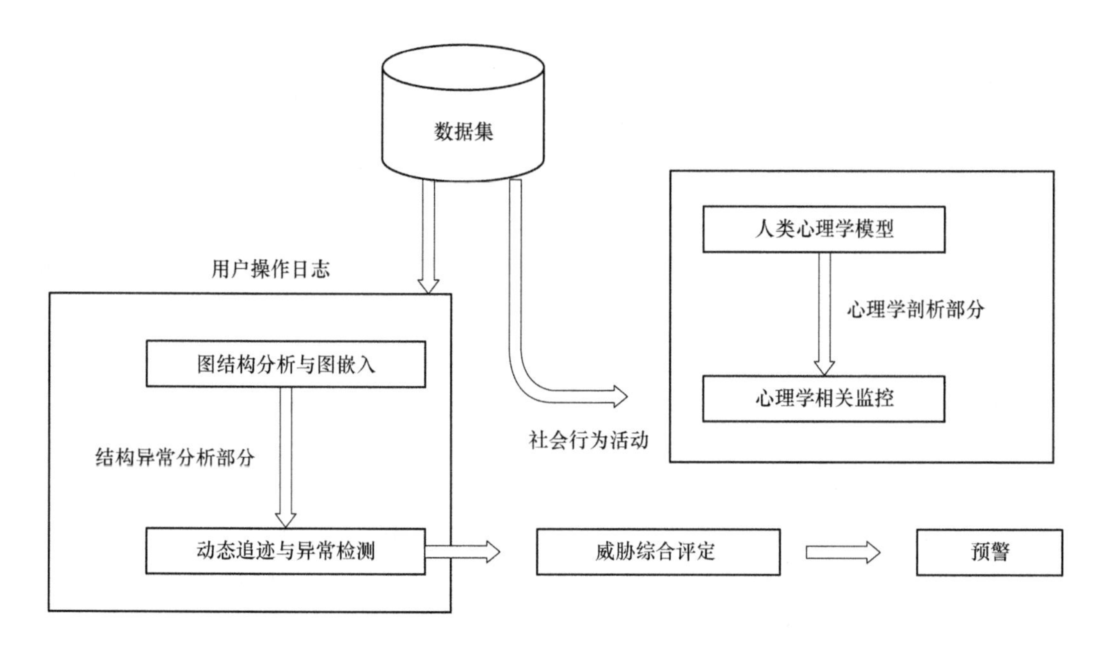

图 5-7 行为分析系统架构

常行为”与“异常行为”进行区分，从而发现信息网络数据的异常特征，根据这种特征将类似数据进行关联，从而减少数据分析的工作量。

② 图嵌入(Graph Embedding)：将图结构分析中得到的关联数据进行聚类，同一分类中的图节点(代表用户)具有更高的关联性，这当中运用了机器学习的一些分类算法。

③ 动态追迹(Dynamic Tracking)：用于监视异常行为模式下的个人行为，其中用到了一些固定欧氏空间下的动态实体追迹方法(如贝叶斯方法)。

④ 异常检测(Anomaly Detection)：动态追迹过程中，追迹系统将主体行为处理成多变量行为序列，序列中的变量是一些内部人员的属性，异常检测利用这些序列和已知的异常行为构建一个概率模型，并利用这一模型来识别新的异常行为。

行为分析可以有效地验证用户是否为真正的用户，但其本身为被动防御，如果用户本身想要作恶，且操作极其隐蔽，则可能逃过检测，怎样提高拦截的时效性也是研究的重点。

5.3.2 云管理权限划分和云执行时验证

云管理权限划分和云执行时验证主要针对云平台中的资源或数据制定细粒度权限划分；或是在硬件层或虚拟机管理器层对用户数据的访问进行执行时验证，使管理员即使拥有系统权限也无法得到客户的真实数据。

1. 云管理权限划分

在虚拟化平台中，虚拟机管理器(VMM)是云平台最有权限的软件，可以访问包括用户虚拟机(VM)的所有资源。特权管理域(Dom0)是用户 VM 管理域，管理和复用硬件资源，管理用户虚拟机，比用户虚拟机拥有更多特权。传统的 VMM 赋予 Dom0 的权限太大，致使恶意的内部管理人员可以利用 Dom0 的权限侵害用户数据隐私，如云管理员可利用

Dom0 导出虚拟机内存,窃取用户数据。

自服务云计算模型(SSC)[32]利用隔离虚拟机、分割 Dom0 特权来防止特权域对用户隐私造成威胁,VMM 将原有 Dom0 的权限分离,以防止用户数据受到来自管理域的攻击和威胁。SSC 中的虚拟机管理器将原有管理域的权限分离,并提供了两类管理域:①由云管理员使用的解除特权的系统管理域。②基于用户的管理域,用户可以使用该管理域管理自身虚拟机。这种新型权限模型阻止了恶意的内部管理员去监听或者修改用户虚拟机状态,并且使用户可以更加灵活地控制自己的虚拟机。

如图 5-8 所示,SSC 特权模型划分为四类计算模型。第一类为 Sdom0,Sdom0 是由云管理员使用的解除特权的系统管理域。Sdom0 中保留启动或停止 Udom0 域的权限,并运行虚拟化设备的驱动程序,管理硬件资源。SSC 的权限模型禁止 Sdom0 检查客户域的状态,没有访问用户虚拟机的权限,确保客户域的安全性和隐私性。第二类为 Udom0,Udom0 为基于用户的管理域,用户可以使用该管理域实现对自身虚拟机的管理,委托其特权到服务域。第三类为 Service VM,Service VM 为客户虚拟机提供客户定制的服务,如验证 VM 完整性、入侵检测、VM 数据加密等。第四类为 Mutually Trusted Service VM,Mutually Trusted Service VM 按照云平台和用户之间的协商执行对虚拟机的监控,防止虚拟机用户滥用服务。

用户首先与 DomB 建立加密通道传输数据(如 Udom0 镜像),Udom0 由 DomB 验证镜像完整性并启动 Udom0,从而确保 Udom0 的安全可信。DomB 建立 Udom0 虚拟机,将用户密钥置于 Udom0 内存中,之后 Udom0 与用户建立加密可信通道,传输虚拟机镜像或服务镜像。Udom0 调用 DomB 建立镜像对应的虚拟机。这种新型权限模型的不足之外是需要在云平台安装安全芯片,且需要改变虚拟机管理程序架构和用户镜像,不利于实施。

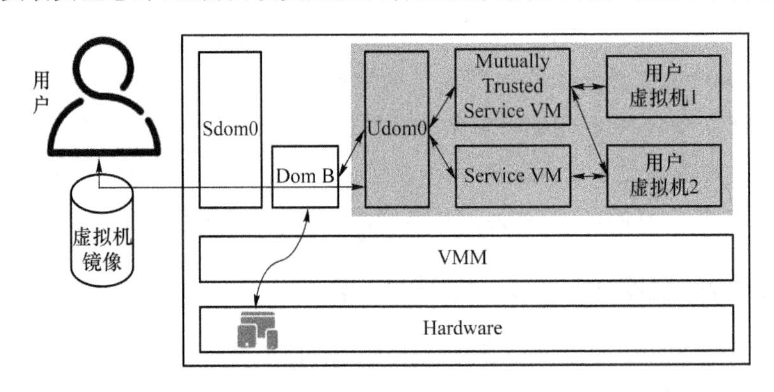

图 5-8 SSC 系统架构

2. 云执行时验证

云执行时验证通过平衡 VMM 和虚拟机之间的控制转移保护用户的数据隐私。为防止恶意或好奇的管理员偷窥或修改用户的虚拟机状态,缩小可信计算域(TCB),CloudVisor[33]利用嵌套虚拟化技术保护虚拟化资源,使恶意管理员即使完全控制 VMM 和 Dom0 也不能窃取用户虚拟机隐私,大大地减少了 TCB 的大小和风险。

CloudVisor 通过在一般云操作系统上加一层安全管理层，来保证云操作系统本身的安全性，提供虚拟机状态的保密性和完整性。CloudVisor 运行在最高特权模式下，而 VMM 运行在非特权模式下。CloudVisor 利用最高特权层，使用硬件辅助虚拟化技术实施内存隔离，VMM 和虚拟机之间的控制转移通过 CloudVisor 平衡，不允许 VMM 到 VM 内存的非法映射。其中，控制转移过程中虚拟机的执行上下文被 CloudVisor 安全地保存和恢复。这种方法也需要在云平台安装安全芯片，并且需要修改 VMM 程序，兼容性存在问题。

用户的虚拟机是有可能被云管理员非法入侵和掌控的，所以针对虚拟机被入侵情况下用户程序的安全保护也是尤为重要的。Overshadow[34] 和 Inktag[35] 研究怎样在用户虚拟机被入侵的情况下保护用户虚拟机重要程序的安全性。假定 VMM 是可信的，而虚拟机系统是不可信的，通过 VMM 和保护程序之间的协商，平衡程序与虚拟机系统交互以验证不可信系统行为。Overshadow 基于虚拟化技术，采用多重阴影（shadow）页表（包括系统 shadow 页表和保护应用程序 shadow 页表）提供不同的虚拟机物理内存视图，通过对虚拟机中保护程序（Cloaked App）所有内存页加密的方式来保护用户的隐私，并根据当前访问视图动态地加密和解密内容，向保护程序提供明文视图，向操作系统提供加密视图，保证用户数据不被侵入虚拟机系统的恶意用户窃取。

5.3.3 用户可控的数据加密

上述两小节主要从如何管控云平台管理人员的角度介绍云计算模式内部威胁防御技术，本小节主要从用户的角度介绍如何防御云计算模式内部威胁。云计算模式的实质是数据所有权和控制权分离了，用户失去了对其数据的直接管理权。因此，用户的最后“杀手锏”是把数据加密后再存储到云平台。若用户密钥也在云中存储和使用，则云管理员可通过特权域得到密钥进而窃取用户数据[8,9]。所以数据密钥应在用户手里，而云服务商只能看到密文，数据控制权完全在用户手中。本章把这种思路称为“用户可控的数据加密”。进一步，从是否依赖云服务商的角度可将现有工作分为不依赖云服务提供商的用户数据加密和依赖云服务提供商的用户数据加密。表 5-1 为典型用户可控的数据加密原型系统对比。

表 5-1 典型用户可控的数据加密原型系统对比

加密系统	云配合	第三方	加解密位置	特殊功能
CryptDB[36]	不需要	不需要	服务端与数据库之间	如搜索、比较、排序等
Mylar[37]	不需要	不需要	客户端与服务端之间	多用户、搜索
ShadowCrypt[38]	不需要	不需要	用户与客户端之间	易适配、搜索
Over-encryption[39]	需要	不需要	客户端与服务端之间	多用户、密文访问控制
PasS[40]	需要	需要	客户端与服务端之间	云端利用硬件加解密数据

1. 不依赖云服务提供商的用户数据加密

不依赖云服务提供商的用户数据加密不需要云服务提供商配合，如 CryptDB[36] 可有效预防第三方数据存储管理人员的内部威胁，CryptDB 在数据存入数据库前进行对其加密，并在加密数据上进行数据查询处理，从而有效防范了恶意的数据库管理员。CryptDB 利用数据库代理，对用户的操作进行转换，得到加密结果，然后解密返回给用户。Mylar[37] 可有效预防服务器端管理人员的内部威胁，针对预防服务器端应用程序，Mylar 基于 Meteor JavaScript 框架，通过对应用程序传递到服务器的数据加密来保证数据的隐私性和安全性，从而可有效防范恶意的服务器管理员。Mylar 程序需要应用程序在 Meteor JavaScript 框架上开发，影响了向后兼容性，且服务器端无法对加密数据执行计数、排序等操作。ShadowCrypt[38] 可预防客户端恶意代码及服务器端的内部威胁，为了预防客户端应用程序及服务器端应用程序偷窥用户隐私数据，ShadowCrypt 作为浏览器插件运行，为云服务应用程序加密文本数据。

2. 依赖云服务提供商的用户数据加密

依赖云服务提供商的用户数据加密需要云服务提供商配合。例如客户端和云服务端双层加密需要云服务商执行多用户密文访问控制，硬件层配合客户端加密需要云平台硬件层提供加解密密码协处理器。以上方案虽然需要云服务商配合，但是数据到云服务商之前已经过加密，故可有效预防云服务商内部人员偷窥或窃取用户隐私。为了实现客户端加密同时实现在云服务端对用户数据作访问控制，Over-encryption[39] 将数据保护与动态授权分离，而不必请求数据所有者每次在授权策略改变时下载并重新加密数据资源。第一层 Bel 加密由数据所有者发送数据到服务器之前执行，在初始化时使每个用户拥有自己的密钥，并分配一些可用的陷门，用户利用公共陷门结合自己的密钥得到其他资源密钥解密自己可访问的资源，从而服务商窃取不到用户的隐私数据。第二层 Sel 加密在服务端执行，对数据所有者已经加密的数据选择性加密，在第一层加密的方案下调整自己的密钥转换方案，实现动态资源授权与撤销，用户拥有双层密钥才能访问数据。其中 Sel 层分为 Full SEL 和 Delta SEL，Full SEL 方法提供更安全的保护，但性能较低；Delta SEL 方法性能较高，但安全性较低。

在 PasS(Privacy as a Service)[40] 系统中，用户使用自己的密钥对数据加密后传到云服务端，并对云服务端传回的密文数据进行解密获得明文，从而有效预防云服务端的内部威胁。PasS 利用密码协处理器在云服务端加解密数据。密码协处理器是一个用于加解密的计算机芯片，并具有防窜改的特性。由可信第三方对注册的用户分发密钥，并把密码协处理器配置在云平台物理硬件上。密码协处理器里面有专门的存储单元存储用户密钥、可信第三方密钥、用户隐私程序数据等，其中用户密钥用于加解密用户数据，第三方密钥用于执行可信第三方传来的加密命令。云平台上的某个特权程序和密码协处理器交互，确保用户的隐私程序和数据在密码协处理器可信的存储单元上执行，数据加密存储在可信的资源池中，确保不被云平台人员窃取。特权程序还对用户程序的执行进行审计并加密反馈给用户，使用户了解自己的程序在云平台上的执行是可信的。这种方案需要购买硬件，需要在云平台上作配置，并需要客户端程序配合，不利于实施。

5.3.4 云计算内部威胁防御总结

根据前述小节的分析，目前基于云计算的内部威胁尚存在以下几个问题。

第一，目前 CERT 安全事件数据库中关于云计算模式内部攻击的案例并不多见[41]，很多公司即使发生了内部攻击也不愿主动向外界公开。对于云计算模式内部人员的作恶手段，大部分研究还停留在设想和理论阶段，缺少实际的内部人员攻击案例，亟须构建和实施切实可行的内部威胁攻击实例，从而让云平台内部安全防护更“有的放矢”。

第二，人员评价对预防内部威胁的发生具有一定的效果，但这种方法容易侵犯用户隐私，且应用与实践的成熟系统很少，准确性不好验证。行为分析可以有效验证操作用户是否为真正的合法用户，但其本身为被动防御，如果合法用户本身想要作恶，且操作极其隐蔽，则可能逃过检测；怎样提高拦截的时效性也是研究的重点。

第三，云管理权限划分的不足之处是需要在云平台安装安全芯片，且需要改变虚拟机管理程序架构和用户镜像，不利于实施。云执行时验证需要在云平台安装安全芯片，从而不具有普遍性；需要对传统的云平台或应用程序进行定制及修改，不具有通用性；一次操作往往需要进行多次跳转和验证，性能损耗大。

第四，数据加密和云服务功能保全(Functionality Preservation，FP)是矛盾的，将加密数据上传到云中，云平台就沦为一个仅支持数据上传和下载的数据池，而无法发挥云服务对数据计算、管理和挖掘的优势。因此，研究以密文搜索(Searchable Encryption，SE)为代表的密文管理及计算，在云计算和大数据时代具有重要意义。密文搜索技术在学术界也不是很新的话题了，然而，当前密文搜索[42-44]的构建需要生成一个特定结构的索引，然后用特定算法加密索引并上传到云端。为了搜索，用户需要生成特定的查询陷门，然后云端可以使用特定的算法对加密的索引执行特定的查询。这种方案多应用于单用户场景，如果加密密钥不共享，则不适合多用户交互，另外，这种方案在实用性方面还存在诸多挑战，如搜索功能固定且单一，搜索过程泄露一定的明文信息，需要对云服务程序作修改和定制等，给云应用程序接口带来了额外的负担，同时在一个加密索引上实现多个搜索功能是不切实际的。另外，在针对密文搜索方案的攻击研究中，攻击者往往需要掌握目标文档的所有信息，才能准确推测出密文搜索中查询陷门所代表的明文关键字，这在正常情况下是不现实的。而当攻击者只有部分目标文档知识时，其攻击成功率很低，几乎为零。

很多传统的技术可以用于解决云计算相关的内部威胁问题，但也需要明确云计算相关的内部威胁和传统的内部威胁有很多不同之处。例如云服务提供商中的系统管理员和传统组织中的 IT 管理员，两者虽然都拥有访问系统和数据的管理员权限，并且可能会使用类似的攻击手法来窃取信息或破坏系统，然而，组织和云服务提供商之间的架构差异和信任问题确实表明需要专门的方法来实现云中的内部安全。

在政策上，组织应该严格实施云服务提供商管理；要求云服务提供商的安全信息，管理措施的完全透明性。对于应对云服务提供商的恶意管理员，有研究[40]建议将加密技术作为云环境中保护数据安全的方法。但加密并不是唯一的也不是完全安全的手段，因为加密密钥会存储在虚拟机系统中，而云提供商管理员可能进入客户的系统并找到该密钥，并且也可以在宿主系统中分析虚拟机相关的内存信息来恢复密钥。此时除非组织只使用云服务简单地传输或存储加密的信息，而把密钥存储在本地，才可以防止云服务的恶意管理员窃取信息。

对于防御内部人员利用组织中因使用云服务而产生的漏洞，组织内部可以使用传统的安全手段例如职责分离，最小化权力原则，安全审计，数据泄露预防系统，蜜罐系统，访问控制系统，行为异常检测系统等来预防和检测机密信息泄露等威胁事件。同时云端的托管系统也同等重要，组织或企业也不能因为系统由云服务提供商提供就认为安全性也由云服务提供商保证。组织应该和云服务提供商达成协议和政策上的一致，以能够及时并有效地处理云相关的内部威胁事件。威胁事件的安全响应方案对于正在进行的攻击做出及时和有效的处理至关重要。组织内部的系统管理员应该熟悉其云相关的系统以及相关的配置工具，以快速地更改访问控制权限或在必要的时候禁用相关的云应用。

对于内部人员利用云服务来攻击组织内部的计算机、数据和网络系统这一内部威胁，组织自身也可以使用传统的安全工具及安全手段包括威胁预防以及检测系统来尽可能地预防及检测这类内部威胁。比如组织内部依然可以使用数据泄露预防技术等来检测是否有机密信息被上传到云端存储，或者最小化内部雇员通过网络资源的权限，以及基于主机的控制。但同时和云服务提供商之间的合作也至关重要。

针对云计算提供商中的内部威胁场景，实现有效缓解内部威胁需要深度防御和大量的应对措施，需要由云提供商和客户共同实施。

在客户端方面，需要满足以下条件。

(1) 保密性/完整性

即使在 IaaS 中，客户对云基础设施有最多的访问权(对虚拟操作系统的管理访问)，云客户也不太可能利用 IDS/IPS 等操作系统级别的安全机制发现有人未经授权访问他们的数据。原因是，为云提供商工作的内部人员(如恶意的管理员)可以访问不受客户控制的物理基础设施。客户可以利用加密技术，努力保障其外包服务的保密性和完整性。然而，加密作为一种实用的解决方案，主要用于批量数据存储，特别是静态数据存储。以加密形式存储数据，并在每次需要访问时对其进行解密(一种常见的技术)，并不能充分有效地抵御内部人员，因为解密密钥也必须存储在云中的某个地方。考虑内部人员可以访问物理服务器，从而可以获得客户的虚拟系统所使用的物理内存，所有存储在内存中的加密密钥都可以被获得。在云中，可以直接对加密数据进行数据操作。为了解决这个问题，许多技术已经被提出[45-47]。然而，这些技术的性能开销通常很高，这使得它们目前在现实世界的应用中存在一定的困难。

(2) 可用性

谈到可用性，假设云提供商不会面临全球停电，那么使用多个数据中心(最好在不同地区)是唯一有效的解决方案。多个提供商向他们的客户提供这样的选择，包括在主数据中心的实例发生故障时，自动切换到备份数据中心。只要恶意的内部人员不能同时干扰多个数据中心，这种地理冗余就能保护客户。

在业务提供者方面，可以使用更广泛的技术来检测和缓解内部攻击，具体方案如下。

（1）职责分离

提供方雇员，特别是系统管理员的严格职责分离是限制这种攻击的潜在损害的最有效机制之一。内部人员只对基础设施有特定的访问权，因此他只能攻击他能访问的系统。似乎可以安全地假设，一个坚定的攻击者将试图获得对受限资源的访问权或提升他目前的合法权限。然而，这种行为会增加攻击者被发现的可能性。

（2）日志记录

所有的用户行为，特别是权力用户（如管理员）的行为，都必须被广泛地记录和审计。除了作为对潜在攻击者的威慑措施外，它还能早期发现潜在的恶意行为，并帮助组织追溯事件，找到实施攻击的实际个人。

（3）法律约束

法律约束可以作为对潜在攻击者的一种威慑措施，因为它可以导致民事处罚。然而，由于云计算基础设施通常由不同国家的多个数据中心支持，因此有几个公开的法律问题。由于受到攻击的云提供商的基础设施可能在不同的国家，而攻击者的物理位置在不同的国家，每个法律或物理实体都受不同的法律框架约束，因此，司法成为一个复杂的问题[48]。

（4）内部人检测模型

内部检测模型在提供商的基础设施中实施，努力检测恶意员工，可以成为预测和及时检测内部攻击的非常有用的工具[49]。这些模型基于预测恶意行为，以加强对可疑用户的监控。此外，还有一些先进的实时内部人检测技术可以使用[50-56]。

针对云计算外包商中的内部人员威胁，分别从客户端方面和提供商端两方面进行考虑。在客户端，将部分基础设施外包给云的客户需要遵循最佳实践，并至少实施与传统基础设施相同的安全措施，如系统加固和及时进行补丁管理。关于内部威胁的检测，需要采取以下措施。

（1）日志审计

客户端需要收集和审计其云系统的所有日志文件，包括任何SaaS（假设提供商提供这种功能）。日志信息在帮助及时发现攻击方面是非常宝贵的。

（2）基于主机的IDS/IPS

基于主机的IDS/IPS应该安装在云（IaaS）托管的所有敏感系统上，因为它们使客户端能够及时发现正在进行的攻击，同时保持较低的假阳性率。在开发出具有云意识的内部人检测模型之前，IDS/IPS系统是缓解内部人威胁的一些最有效的措施。

从提供商端来看，关于内部威胁检测从异常检测、职责分离和多因素认证三个方面来确保安全。

（1）异常检测

从提供商端来看，异常检测机制可用于识别客户实例的异常行为。然后，提供商能够联系客户并告知其异常情况，这样客户就可以调查这个问题。提供商拥有的数据输入越多，检测出潜在问题的机会就越大。例如，如果SaaS提供商发现客户的一个账户被用来查询数据库中的大量记录，而同一个账户每天经常只进行几次查询，那么他应该将这个问题上报给客户进行调查。这需要提供商实施异常检测系统来监测客户实例，而目前还没有这种服务。

(2) 职责分离

严格的职责分工是限制内部攻击影响的有效机制。云提供商应实施强大的身份和访问管理机制，使云客户能够为其用户创建多个账户和多种访问权限。通过支持多个账户，客户可以执行职责分离，根据每个员工的业务角色，只给他必要的访问权限。

(3) 多因素认证

提供商应支持多因素认证方案，以努力挫败针对云控制台管理界面的网络钓鱼和密码劫持攻击。亚马逊 EC2 已经在支持这种机制，允许客户使用证书和 OTP(One Time Password，一次性口令)令牌进行登录。

参考文献

[1] Top Threats Working Group. The Treacherous 12: Cloud Computing Top Threats in 2016[EB/OL]. [2023-03-21]. https://cloudsecurityalliance. org/artifacts/the_treachevous_twelve_cloud_computing_top_threats_in_2016/.

[2] MONTELIBANO J, MOORE A. Insider threat security reference architecture[C]//2012 45th Hawaii International Conference on System Sciences. Maui, HI, USA: IEEE, 2012: 2412-2421.

[3] LEGG P, MOFFAT N, NURSE J R C, et al. Towards a conceptual model and reasoning structure for insider threat detection[J]. Journal of Wireless Mobile Networks, Ubiquitous Computing, and Dependable Applications, 2013, 4(4): 20-37.

[4] BISHOP M, CONBOY H M, PHAN H, et al. Insider threat identification by process analysis[C]//2014 IEEE Security and Privacy Workshops. San Jose, CA, USA: IEEE, 2014: 251-264.

[5] LEGG P A, BUCKLEY O, GOLDSMITH M, et al. Caught in the act of an insider attack: detection and assessment of insider threat[C]//2015 IEEE International Symposium on Technologies for Homeland Security (HST). Waltham, MA, USA: IEEE, 2015: 1-6.

[6] FLYNN L, PORTER G, DIFATTA C. Cloud Service Provider Methods for Managing Insider Threats: Analysis Phase II, Expanded Analysis and Recommendations[EB/OL]. [2023-04-21]. http://resources. sei. cmu. edu/asset_files/TechnicalNote/2014_004_001_76843. pdf.

[7] DUNCAN A J, CREESE S, GOLDSMITH M. Insider attacks in cloud computing[C]//2012 IEEE 11th international conference on trust, security and privacy in computing

and communications. Liverpool, UK:IEEE, 2012: 857-862.

[8] BOUCHÉ J, KAPPES M. Attacking the cloud from an insider perspective[C]//2015 Internet Technologies and Applications (ITA). Wrexham, UK:IEEE, 2015: 175-180.

[9] ROCHA F, CORREIA M. Lucy in the sky without diamonds: Stealing confidential data in the cloud[C]//2011 IEEE/IFIP 41st International Conference on Dependable Systems and Networks Workshops (DSN-W). Hong Kong, China: IEEE, 2011: 129-134.

[10] CLAYCOMB W R, NICOLL A. Insider threats to cloud computing: Directions for new research challenges[C]//2012 IEEE 36th annual computer software and applications conference. Izmir, Turkey:IEEE, 2012: 387-394.

[11] SANZGIRI A, DASGUPTA D. Classification of insider threat detection techniques[C]//Proceedings of the 11th annual cyber and information security research conference. N, Oak Ridge, USA:Association for Computing Machinery,2016: 1-4.

[12] MAHAJAN A, SHARMA S. The Malicious Insiders Threat in the Cloud[J]. International Journal of Engineering Research and General Science, 2015, 3(2), 245-256.

[13] GARFINKEL T, ROSENBLUM M. A virtual machine introspection based architecture for intrusion detection[C]//[S. l.]:Ndss, 2003, 3(2003): 191-206.

[14] WAlTERS A. VOLATILITY: An Advanced Memory Forensics Framework. [EB/OL]. [2023-3-21]. http://www. volatilityfoundation. org/.

[15] BRDICZKA O, LIU J, PRICE B, et al. Proactive insider threat detection through graph learning and psychological context [A]// Proceedings of the 2012 IEEE Symposium on Security and Privacy Workshops (SPW) [C], Piscatawary, NJ: IEEE, 2012: 142-149.

[16] MAYHEW M, ATIGHETCHI M, ADLER A, et al. Use of machine learning in big data analytics for insider threat detection[C]//MILCOM 2015-2015 IEEE Military Communications Conference. Tampa, FL, USA: IEEE, 2015: 915-922.

[17] CHOI S, ZAGE D. Addressing insider threat using "where you are" as fourth factor authentication[C]//2012 IEEE International Carnahan Conference on Security Technology (ICCST). Newton, MA, USA: IEEE, 2012: 147-153.

[18] SUN H M, CHEN Y H, LIN Y H. oPass: A user authentication protocol resistant to password stealing and password reuse attacks[J]. IEEE transactions on information forensics and security, 2012, 7(2): 651-663.

[19] KENT A D, LIEBROCK L M, NEIL J C. Authentication graphs: Analyzing user behavior within an enterprise network[J]. Computers & Security, 2015, 48:

150-166.

[20] GAVAI G, SRICHARAN K, GUNNING D, et al. Detecting insider threat from enterprise social and online activity data[C]//Proceedings of the 7th ACM CCS international workshop on managing insider security threats. Copenhagen, Denmark. Association for Computing Machinery, 2015: 13-20.

[21] MYERS J, GRIMAILA M R, MILLS R F. Towards insider threat detection using web server logs[C]//Proceedings of the 5th Annual Workshop on Cyber Security and Information Intelligence Research: Cyber Security and Information Intelligence Challenges and Strategies. Association for Computing Machinery: Tennessee, Oak Ridge, USA,2009: 1-4.

[22] HSIEH C H, LAI C M, MAO C H, et al. AD2: Anomaly detection on active directory log data for insider threat monitoring[C]//2015 International Carnahan Conference on Security Technology (ICCST). Taipei, Taiwan: IEEE, 2015: 287-292.

[23] KIM H S, CHA S D. Empirical evaluation of SVM-based masquerade detection using UNIX commands[J]. Computers & Security, 2005, 24(2): 160-168.

[24] ZHENG N, PALOSKI A, WANG H. An efficient user verification system via mouse movements[C]//Proceedings of the 18th ACM conference on Computer and communications security. Copenhagen, Denmark: Association for Computing Machinery,2011: 139-150.

[25] SAE-BAE N, AHMED K, ISBISTER K, et al. Biometric-rich gestures: a novel approach to authentication on multi-touch devices[C]//proceedings of the SIGCHI Conference on Human Factors in Computing Systems. New York: ACM Press, 2012: 977-986.

[26] DE LUCA A, HANG A, BRUDY F, et al. Touch me once and i know it's you! implicit authentication based on touch screen patterns[C]//proceedings of the SIGCHI Conference on Human Factors in Computing Systems. New York: ACM Press, 2012: 987-996.

[27] FRANK M, BIEDERT R, MA E, et al. Touchalytics: On the Applicability of Touchscreen Input as a Behavioral Biometric for Continuous Authentication[J]. IEEE Transactions on Information Forensics & Security, 2013, 8(1):136-148.

[28] EBERZ S, RASMUSSEN K, LENDERS V, et al. Preventing lunchtime attacks: Fighting insider threats with eye movement biometrics[J]. San Diego, California: The Internet Society, 2015: 1-13.

[29] EBERZ S, RASMUSSEN K B, LENDERS V, et al. Looks like eve: Exposing insider threats using eye movement biometrics[J]. ACM Transactions on Privacy

and Security (TOPS), 2016, 19(1): 1-31.

[30] GREITZER F L, HOHIMER R E. Modeling human behavior to anticipate insider attacks[J]. Journal of Strategic Security, 2011, 4(2): 25.

[31] BRDICZKA O, LIU J, PRICE B, et al. Proactive insider threat detection through graph learning and psychological context[C]//2012 IEEE Symposium on Security and Privacy Workshops. San Francisco, CA, USA: IEEE, 2012: 142-149.

[32] BUTT S, LARGAR-CAVILLA H A, SRIVASTAVA A, et al. Self-service cloud computing [A]//Proceedings of the 2012 ACM conference on Computer and communications security [C], New York: ACM Press, 2012: 253-264.

[33] ZHANG F, CHEN J, CHEN H, et al. CloudVisor: retrofitting protection of virtual machines in multi-tenant cloud with nested virtualization [A]//Proceedings of the 23rd ACM Symposium on Operating Systems Principles (SOSP) [C], New York: ACM Press, 2011: 203-216.

[34] CHEN X, GARFINKEL T, LEWIS E C, et al. Overshadow: a virtualization-based approach to retrofitting protection in commodity operating systems[J]. ACM SIGOPS Operating Systems Review, 2008, 42(2): 2-13.

[35] HOFMANN O S, KIM S, DUNN A M, et al. Inktag: Secure applications on an untrusted operating system [A]//Proceedings of the ACM SIGARCH Computer Architecture News [C], New York: ACM Press, 2013, 41(1): 265-278.

[36] POPA R A, REDFIELD C, ZELDOVICH N, et al. CryptDB: protecting confidentiality with encrypted query processing [A]//Proceedings of the 23rd ACM Symposium on Operating Systems Principles[C], New York: ACM Press, 2011: 85-100.

[37] POPA R A, STARK E, VALDEZ S, et al. Building web applications on top of encrypted data using Mylar [A]//Proceedings of the 11th USENIX Symposium on Networked Systems Design and Implementation (NSDI), Berkeley, CA: USENIX Association, 2014: 157-172.

[38] HE W, AKHAWE D, JAIN S, et al. Shadowcrypt: Encrypted web applications for everyone [A]//Proceedings of the 2014 ACM SIGSAC Conference on Computer and Communications Security [C], New York: ACM Press, 2014: 1028-1039.

[39] DI VIMERCATI S D C, FORESTI S, JAJODIA S, et al. Over-encryption: management of access control evolution on outsourced data [A]//Proceedings of the 33rd international conference on Very large data bases (VLDB endowment) [C], New York: ACM Press, 2007: 123-134.

[40] ITANI W, KAYSSI A, CHEHAB A. Privacy as a Service: Privacy-Aware Data Storage and Processing in Cloud Computing Architectures [A]//Proceedings of the

8th IEEE InternationalConference on Dependable, Autonomic and Secure Computing (DASC) [C], Piscataway, NJ: IEEE, 2009:711-716.

[41] ELMRABIT N, YANG S H, YANG L. Insider threats in information security categories and approaches[C]//2015 21st International Conference on Automation and Computing (ICAC). Glasgow, UK: IEEE, 2015: 1-6.

[42] KANDIAS M, MYLONAS A, VIRVILIS N, et al. An insider threat prediction model[C]//Trust, Privacy and Security in Digital Business: 7th International Conference, TrustBus 2010, Bilbao, Spain, August 30-31, 2010. Proceedings 7. Spain:Springer Berlin Heidelberg, 2010: 26-37.

[43] THOMPSON P. Weak models for insider threat detection[C]//Sensors, and Command, Control, Communications, and Intelligence (C3I) Technologies for Homeland Security and Homeland Defense III. Florida: SPIE, 2004, 5403: 40-48.

[44] EBERLEAND W, HOLDER L. Insider threat detection using graph-based approaches[C]//Proceedings of the Cybersecurity Applications and Technology Conference for Homeland Security. [S. l.]:IEEE Computer Society, 2009: 237-241.

[45] CLAESSENS J, PRENEEL B, VANDEWALLE J. (How) can mobile agents do secure electronic transactions on untrusted hosts? A survey of the security issues and the current solutions[J]. ACM Transactions on Internet Technology (TOIT), 2003, 3(1): 28-48.

[46] MATHER T, KUMARASWAMY S, LATIF S. Cloud security and privacy: an enterprise perspective on risks and compliance[M]. “O'Reilly Media, Inc. ”, 2009.

[47] MYLONAS A, DRITSAS S, TSOUMAS B, et al. Smartphone security evaluation the malware attack case[C]//Proceedings of the international conference on security and cryptography. Spain: IEEE, 2011: 25-36.

[48] PARRILLI D M. Legal Issues in Grid and cloud computing[M]//Grid and Cloud Computing: A Business Perspective on Technology and Applications. Berlin, Heidelberg: Springer Berlin Heidelberg, 2009: 97-118.

[49] KANDIAS M, MYLONAS A, VIRVILIS N, et al. An insider threat prediction model[C]//Trust, Privacy and Security in Digital Business: 7th International Conference, TrustBus 2010, Bilbao, Spain, August 30-31, 2010. Proceedings 7. Springer Berlin Heidelberg, 2010: 26-37.

[50] THOMPSON P. Weak models for insider threat detection[C]//Sensors, and Command, Control, Communications, and Intelligence (C3I) Technologies for Homeland Security and Homeland Defense III. Florida: SPIE, 2004 : 40-48.

[51] EBERLEAND W, HOLDER L. Insider threat detection using graph-based approaches[C]//Proceedings of the Cybersecurity Applications and Technology

Conference for Homeland Security. [S. l.]：IEEE Computer Society，2009：237-241.

[52] SPITZNER L. Honeypots：Catching the insider threat[C]//19th Annual Computer Security Applications Conference，2003. Proceedings. Las Vegas，NV，USA：IEEE，2003：170-179.

[53] DEBAR H，DACIER M，WESPI A. Revised taxonomy for intrusion-detection systems[C]//Annales des Telecommunications/Annals of Telecommunications. Springer Paris：[s. n.]，2000，55(7)：361-378.

[54] NGUYEN N，REIHER P，KUENNING G H. Detecting insider threats by monitoring system call activity[C]//IEEE Systems，Man and Cybernetics SocietyInformation Assurance Workshop，2003. West Point，NY，USA：IEEE，2003：45-52.

[55] SALEM M B，HERSHKOP S，STOLFO S J. A survey of insider attack detection research[J]. Insider Attack and Cyber Security：Beyond the Hacker，2008：69-90.

[56] MAGKLARAS G B，FURNELL S M. Insider threat prediction tool：Evaluating the probability of IT misuse[J]. Computers & security，2001，21(1)：62-73.

第 6 章　物联网内部威胁

在之前的内部入侵检测(Insider Threat Detection,ITD)研究中,主要考虑典型的办公环境,即终端由使用被广泛使用的操作系统如 Windows、Linux 或 UNIX 的计算机组成。这些终端使用 TCP/IP 通过网络连接到提供服务的服务器。恶意内部人坐在自己或同事的终端前,试图窃取知识产权,进行间谍活动,或利用其权限(背叛者)或特权提升(冒充者)进行非法更改。然而,在日常智能设备(如智能手表、智能传感器、空气净化器和智能健康设备)连接到互联网的物联网环境中,攻击面会变得更加广泛,内部入侵检测研究也需要从物联网的角度进行分析。

6.1　物联网内部威胁的特性

物联网的第一个特点是异构性。现有的 IT 环境主要使用的是 Windows、UNIX/Linux 和 TCP/IP。但在物联网的世界里,存在着不同的操作系统和网络。对于操作系统(OS),可以很容易地在物联网环境中找到各种操作系统,如康智奇、Android、Riot、Apache Mynewt 和华为的 LightOS。对于网络,除了 TCP/IP 之外,还有诸如 6LoWPAN(IPv6 over Low-Power Wireless Personal Area Networks)、RPL(Routing Protocol for Low Power and Lossy Networks)、CoAP(Constrained Application Protocol)、MQTT(Message Queuing Telemetry Transport)、XMPP(Extensible Messaging and Presence Protocol)、DDS(Data Distribution Service)和 AMQP(Advanced Message Queueing Protocol)等 IoT(Internet of Thing,物联网)特定协议。这种异构性使得检测对防御者来说更具挑战性,因为其攻击面扩大了。例如,如果联网物联网设备使用 10 种类型的操作系统,那么环境中的漏洞就会大大超过 10 倍。对于防御方,必须拥有至少 10 种环境的知识,在应用防御策略时使用 10 倍以上的资源。此外,考虑在这些不同的环境中使用的软件尚未完全验证,当物联网软件被利用时,可能导致灾难性的情况。因此,许多研究[1-5]已经在探究如何解决由于物联网异构性导致的安全事件检测的复杂性问题。

物联网的第二个特点是资源约束。物联网设备通常由电池供电,由于强大的 CPU 会消耗更多的电池能量,物联网设备通常使用更低功率的 CPU,为了保证终端设备的电池寿命,需要避免消耗大量电池的复杂方案或服务。因此,物联网具有资源约束的特点。特别是在感知层,由于资源限制,无法使用健壮的加密方法/加密算法,在每个终端设备上使用的防火墙[6]也是低效的。对于内部威胁检测,基于主机的方法比基于网络的方法更合适[7],

但由于资源约束，采用基于主机的方法也会受到限制。缺少用户界面和交互也是资源约束的特征[8]。

物联网的第三个特点是移动性。物联网设备具有高度的移动性，可以位于任何地方。这一特点，再加上物联网设备越来越小，使得检测更具挑战性。这些物联网设备可以建立临时网络，而不是连接到固定网络，从而可以绕过现有的基于网络的检测技术。Nurse 等[3]提出了反映移动特征的攻击向量。攻击载体包括：

① 用于网络攻击的未经授权的视频录像；

② 对敏感数据或 IP 进行拍照或录像；

③ 对私人谈话或会议进行未经授权的音频录制；

④ 对敏感数据的未授权拷贝；

⑤ 直接扫描敏感物品；

⑥ 使用被恶意软件感染的物联网设备组成企业网络；

⑦ 安装基于硬件的后门；

⑧ 安装网络分析设备。

此外，设备的分散特性也意味着内部人员可以方便地访问设备，进行权限提升。

6.2 物联网内部威胁数据集和检测方法

本节先根据目前研究中使用的数据的来源（数据属于物联网环境中的哪一层）进行分类，然后根据每一层的特点，简述在研究中如何将采集到的数据用于内部入侵检测，以及在物联网环境下采集和使用这些数据时应该如何进行考虑。此外，在单独的一个小节中对其他无法被划分到这些类别的方法进行分析。表 6-1 为调查文献中的数据来源。

表 6-1 调查文献中的数据来源

数据源	感知层	网络层	应用层
UNIX 命令（Greenberg）	√		
UNIX 命令（Schonlau）	√		
Windows 日志（RUU）	√		
组合数据（CERT）	√		
电子邮件消息（Taylor）	√		
工作日志（Vegas）	√		
工作日志（Ted）	√		
工作日志（Eldardiry）	√		
事件日志（Lincoln）	√	√	
网络流量（Meidan）		√	
工作日志（Mayhew）		√	√
游戏数据（WoW Census）			√
鼠标行为（Ballabit）			√

续 表

数据源	感知层	网络层	应用层
电子邮件消息(Enron)			√
组合数据(VAST)			√
推特推文(Sentiment140)			√
Youtube(Kandias)			√
SQL 结果(Mathew)			√
EEG 信号(Hashem)			√
EEG 信号(Almehmadi)			√
信息访问(Oh)			√
EHR 访问日志(Chen)			√
订单处理数据(Eberle)			√
眼球追踪数据(Matthews)			√
权限日志(Kaghazgaran)			√

6.2.1 感知层

(1) 基于用户命令

在 ITD 研究使用的数据集中,Schonlau 数据集[9]和 Greenberg 数据集[10]包含了从感知层获得的用户命令。用户命令对于分析用户行为十分有用,因为它们是用户直接输入系统的命令集合。但是仅使用用户命令,很难知道系统的反馈。因此用户命令主要用于伪装检测研究,即通过用户行为的变化来检测当前用户的真实性的方法。

Schonlau 数据集是一个简单的面向 50 个用户的 Unix csh 命令数据集。该数据集由用户数量和每个用户的截断命令组成。大约有 5%的测试数据包含伪装命令,也正因如此,已有一些研究使用该数据集来测试它们的伪装检测性能。

Greenberg 数据集是一个包含 168 个用户的 Unix csh 命令的数据集。与 Schonlau 数据集只包含截断的命令不同,Greenberg 数据集由完整的命令行条目组成。Greenberg 数据集中的每个跟踪文件包含如下 7 个条目。

① S:会话开始时间。

② E:会话结束时间。

③ C:用户输入命令行。

④ D:工作目录路径。

⑤ A:命令行调用的别名。

⑥ H:是否使用历史记录。

⑦ X:是否发生错误。

Maxion[11]使用 Greenberg 数据集来比较截断命令和丰富命令的准确性,并表明当使用丰富命令时,伪装检测将命中率从 70.9%提高到 82.1%。在实验中,Maxion 只使用

Greenberg 数据集七个条目中的 C 和 A，而忽略其余条目，以便于专注于分析用户行为。

(2) 基于系统行为

Lincoln 数据集[12]和 RUU 数据集[13]是根据系统行为收集的数据集。虽然基于用户命令的数据集是按顺序收集用户输入的命令，但本节中的数据集提供了更丰富的信息，包括带时间戳的用户命令和生成的系统事件。

Lincoln 数据集提供了审计数据和原始数据包数据的单独列表文件。对于审计数据，使用 Solaris BSM(Base Security Module，安全审计模块)软件获取，而对于原始数据包数据，使用 tcpdump 获取。我们在本节中不涉及原始数据包数据，因为它不是从感知层获得的数据。BSM 日志以由 header 和 trailer 组成的格式组织，以表示所有进程调用的所有系统调用。

图 6-1 为 Lincoln 数据集的一个样本记录。标题行以字节为单位报告记录长度、审计记录结构版本号、系统调用(事件 ID)以及记录创建的时间和日期(以毫秒为单位)。第二行是进程的绝对路径。第三行是文件访问模式、用户 ID、所有者组 ID、切片文件系统 ID、信息节点 ID 和设备 ID。路径标记通常伴随着属性标记。第四行和第五行是系统调用参数 ID、参数值和可选文本字符串。主题行是审计 ID、有效用户和组 ID、真实用户、组 ID、进程 ID、会话 ID、终端设备和机器 ID。最后一行是审计记录字符总数。

```
header,134,2,ioctl(2),,Fri Jan 23 17:05:14 1998, + 20011000 msec
path,/etc/mnttab
attribute,100644,root,root,8388632,11027,0
argument,2,0x5401,cmd
argument,3,0xeffffa2c,arg
subject,2503,root,other,2503,other,5809,5807,24 0 192.168.1.30
return,failure: Inappropriate ioctl for device,-1
trailer,134
```

图 6-1 Lincoln 数据集的一个样本记录

Parveen 等[14]用 Lincoln 数据集的审计数据测试了他们的算法。针对内部威胁，他们通过用户相关的系统调用(例如 exec、execve、utime、login、logout、su、rsh、rexed、passwd、rexd 和 ftp 等系统命令)过滤数据集审计数据，且这些系统调用对应于用户执行的登录/注销或文件操作。结果表明，使用基于图的无监督检测算法，可以实现低的假阴性率(高达 0%)和相对高的假阳性率(高达 42%)。

RUU 数据集提供了 Windows 和 Linux 监控数据。Salem 和 Stolfo[15]使用支持主机传感器(Host Sensors)的 Windows 和 Linux 采集系统行为，并将采集到的信息传输到数据采集服务器。Windows 传感器可以通过低级系统驱动程序监控所有基于注册表的活动、进程活动、图形用户界面访问和动态链接库活动。Linux 传感器可以使用 auditd 守护程序收集所有进程 ID、进程名称和进程命令参数。这个数据集是一个公共数据集，但不幸的是，现在该数据集链接已被禁止访问，所以详细的数据结构只可能在文献[15]中找到。

结果表明，使用 RUU 数据集和具有上下文特征的 One-Class SVM(单分类支持向量机)，Salem 和 Stolfo 实现了 100%的检测率和非常低的假阳性率(0.1%)，平均 AUC(Area

Under Curve)得分为 0.996。上下文功能是指关于以前的用户事件的信息。

(3) 基于多域业务数据

基于用户命令和系统行为的数据集是那些考虑用户和系统之间的直接接口,以及交互时的系统行为的数据集。然而,ITD 领域高度依赖了人类行为的特征,所以数据需要从微观和宏观的角度对人类行为建模[16]。对真实人类行为建模的需求导致了对这种数据集的需求,即多业务组合在大维度上与现实交互的数据。

其中,CERT[17]、Eldardiry[18]、Vegas[19]、Ted[20]和 Taylor[21]是基于多域业务数据且包含感知层数据的数据集。这些数据集包含了相似的领域,如电子邮件、登录、Web、文件、设备、打印机,因为它们假设了一个典型的组织业务环境。表 6-2 显示了每个数据集包含哪些业务领域数据。其中一些域(如电子邮件、登录和 Web)也可以通过应用层收集数据。在这里则认为它们是感知层数据,因为在感知层可以收集更详细的数据。

表 6-2 基于数据集的多域业务数据

数据集	电子邮件	登录	Web	文件	设备	打印机
CERT	√	√	√	√	√	
Eldardiry	√	√	√	√	√	
Vegas	√	√	√			
Ted	√	√	√	√		√
Taylor	√					

在这些数据中,电子邮件是用户发送和接收电子邮件的信息。在大多数数据集中,电子邮件具有日期、主题、收件人、抄送、密送、发件人、内容、附件等属性,以及读取、发送和查看的动作记录。登录域包含用户登录和注销数据以及用户、电脑和日期信息。对于 Web 活动,可以收集日期、用户、个人计算机、网址、内容和浏览器信息。Web 活动可以是上传、下载、访问或访问网站的类别(例如,职业网站、网络邮件、娱乐和社交媒体)。文件域包括日期、用户、电脑、文件名、与可移动媒体相关的内容和活动(例如,打开、写入、复制、重命名和删除)。设备域涉及与可移动媒体相关的活动,如 USB 驱动器或便携式硬盘连接,并可以收集文件树的数据或连接和断开的活动。打印机域包括提交的打印作业相关数据。

多域数据的使用使得精细的用户行为分析成为可能。当使用单域数据集(用户命令或系统行为)时,研究人员设计了伪装检测。然而,在多领域研究中,除了伪装检测之外,还需要检测叛徒(例如 Hiding Undue Affluenc scenario[19])。研究通常利用每个领域的数据来创建用户活动简档,并使用它来检测用户异常。已有一些研究试图通过创建用户活动简档来分析内部人员。除了用户活动简档之外,研究者还试图对具有文本数据(例如,电子邮件、网页和文件)的域使用文本挖掘来检测用户的情绪状态或文本风格变化。

(4) 物联网环境因素

来自感知层的数据有利于直接观察系统的行为。ITD 系统可以利用这些数据,如登录、文件访问、设备连接、审计数据或用户命令,来快速检测系统异常。在感知层,ITD 系统可以收集检测所需的数据,并使用这些数据执行检测算法。然而,在物联网环境中,由于物联网设备能力有限(处理、功率和内存限制)的独特性质,在感知层执行检测算法不是合适的选择[3,22],因为安全机制算法需要相当大的计算能力,这会对设备的性能产生不利影响[2]。

因此,在物联网环境下,将采集到的数据传输到专门的检测系统并执行检测系统中的算法才更为现实。对于这种方法,操作系统或第三方软件应该提供数据收集和传输功能。在本书中,我们将这种操作系统功能或第三方软件称为“主机代理”。

在传统的互联网环境中,组织可以从安全的角度管理组织内部的设备。组织可以依照安全策略来安装特定的安全软件,或者配置用于连接到网络的初始操作系统审计服务。若设备无法连接到网络,那么它就不会对安全构成威胁。然而,在物联网环境中,设备可以连接到它们自己的网络,也包括互联网,而无须组织的许可。这意味着有些没有主机代理的设备可能会对组织构成安全威胁,此时 ITD 系统就无法利用这些数据。

即使组织可以通过严格的安全策略强制安装主机代理,但问题仍然存在。体积小或嵌入其他设备的物联网设备可能会绕过安全网关,并且它们可以在没有主机代理的情况下进入组织。即使安全人员可以检测所有物联网设备,也几乎不可能开发和安装异构物联网设备对应的主机代理。

如上所述,当在物联网环境中应用 ITD 时,内部人员可以绕过向 ITD 系统发送感知层数据,以此达到对系统的隐藏。因此,在物联网环境中进行 IDT 研究时,务必记住,仅有感知层数据会无法达到预期目的。

现有的研究将用户命令、系统行为或多域业务数据的数据集作为感知层的数据源,其中,基于用户命令的和基于系统行为的数据集只包含系统行为信息,没有相关活动的高维数据,因此,相关文献主要侧重于检测伪装者,难以检测具有特权的内部人员(叛徒),现有的研究通过使用基于多领域业务数据的数据集解决了这一困难,但在物联网环境中需要额外的考虑。

现有的研究假定基于个人计算机(Personal Computer,PC)的工作环境,因此大多数数据是从特定的业务领域收集的,如电子邮件、设备、文件和打印机。但是物联网设备可以使用不同于这些域的其他(物联网特有的)域,因此不清楚这些研究是否会同等有效。例如,内部人员攻击发电厂中的智能传感器,修改传感器设备采集的数据,这些数据就不属于一个现有的业务领域。因此,在物联网环境中进行 ITD 研究时,有必要分析域并为每个环境选择数据源。

6.2.2 网络层

网络流量是安全领域的一个有价值的数据源,因为基于它可以开发多种威胁和异常检测机制[23]。这同样适用于 ITD,因此在我们调查的文献中,有三个数据集包含来自网络层的 TCP/IP 数据包转储。表 6-3 描述了使用网络层数据的数据集。Lincoln 数据集分别有出站和入站数据包的转储数据,但在实验中,Parveen 和 Thuraisingham[24]没有使用网络数据。Meidan 等[25]使用与 MAC、IP 和 TCP 协议相关的信息进行了实验。Mayhew 等[26]除了使用 MAC、IP 和 TCP 协议之外，还试图使用应用层协议，如 HTTP、XMPP(Extensible Messaging and Presence Protocol，可扩展通信和表示协议)以及 SMTP(Simple Mail Transfer Protocol，简单邮件传输协议)尝试进行内部威胁检测。

表 6-3　网络层数据分析

数据源	观察活动
TCP/IP dump	
Lincoln，Meidan，Mayhen	packet dump(数据包转储)

(1) 基于网络抓包

Lincoln 数据集[12]包含出站和入站网络转储数据，转储为一个 PCAP(Packet Capture)文件。Median 等[25]使用交换机上的端口镜像将原始网络流量数据收集为 PCAP 文件。Median 等人为每 5 个时间窗口(100 毫秒、500 毫秒、1.5 秒、10 秒和 1 分钟)提取了 23 个特征，通过源自相同的 IP(网络层)、相同的 MAC(数据链路层)、每个网络层通道(相同的源 IP 和目标 IP)和每个传输层(相同的源 TCP/UDP 套接字和目标 TCP/UDP 套接字)来归纳流量组。该实验使用了 OSI(Open System Interconnection Reference Model，开放式系统互联通信参考模型)7 层(有状态数据包检测)协议中第 4 层(传输层)的网络数据。这表明 Median 等人提出的方法可以检测以扫描和泛洪(UDP、TCP、Ack、Syn)为特征的 BASHLITE 攻击和 Mirai 组合攻击。但是他们并没有利用 OSI 7 层协议中的应用层，所以检测模型并没有从业务端检测上下文的行为，只是检测了攻击。

Mayhew 等[26]将其检测范围扩展到应用层协议(如 HTTP、XMPP 和 SMTP)，这种方法称为深度数据包检测(Deep Packet Inspection)。他们通过 TCP 连接日志信息利用 IP 网络流的连接行为，并通过分析使用 HTTP 协议中的 HTTP 请求行为来扩展范围。结果，通过对每个字符串特征使用一个单独的词向量，并包括用于检测恶意 URL 的 WHOIS 数据特征，他们实现了 99.6%的真阳性率和 0.9%的假阳性率。

(2) 物联网环境因素

在物联网环境下，利用网络层数据检测内部威胁需要考虑移动性特征。然而，在本书所调查的论文中使用的数据集则被假设为在一个固定的网络架构下。与物联网网络相比，固定网络架构可以通过操作控制或技术控制更有效地管理计算机与网络的连接。而在物联网环境中，拓扑和节点可以不断变化。在无线传感器网络环境中，如果一个路由节点因电量不足而关闭，其他传感器就会组织新的网络拓扑。智能设备还可以在附近的一台设备上短时间建立网络，然后连接到另一台设备以形成新的网络。这意味着网络成员可以不断变化，子网可以不断创建和破坏。图 6-2 描述了时态子网的物联网网络架构。

上述网络可变性使得识别和跟踪连接到网络的设备并确定其用户变得非常困难。此外，在内部检测系统通过网络交换机窃听监控 TCP/IP 数据包的情况下，很难观察到智能手表和智能手机之间的蓝牙网络。在物联网世界中，有各种各样的网络协议，如 WiFi、蓝牙和

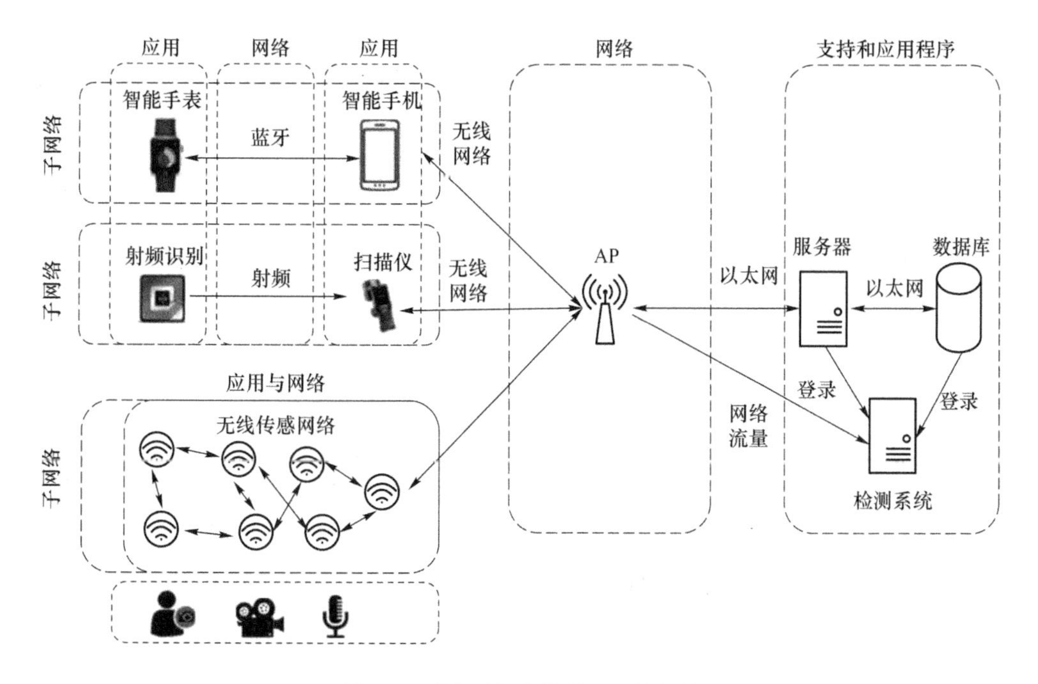

图 6-2　时态子网的物联网网络架构

近场通信(Near Field Communication,NFC),因此在网络交换机上仅通过端口镜像捕获TCP/IP 数据包可能不够。这种情况意味着在物联网环境中存在一个超越 TCP/IP 网络的网络。

6.2.3　应用层

本小节从数据收集目标的角度考虑将支撑层与应用层结合,因为支撑层对服务起支撑性作用。应用层监督互联网层面的用户接口,并可以根据用户的需求提供个性化服务。就分析现有数据集而言,应用层被视为收集信息并提供服务的服务器端。

在 20 个数据集中,11 个数据集使用应用层数据。根据系统的结构和目标,该层的数据可以包括各种值和各种类型的数据。在 CERT 数据集[17]中,应用层数据包括网站访问日志、电子邮件收发器日志和 LDAP(Lightweight Directory Access Protocol,轻量级目录访问协议)中的员工信息。在 Enron 数据集[27]和电子邮件消息[21]中,电子邮件是该层的数据,在 VAST 数据集[28]中,电话记录则是数据。在关于 sentiment140[29]、YouTube 案例[30]和 WoW Census 案例[31]的研究中,使用社交网络服务(Social Networking Services,SNS)或游戏数据(WoW Census)等开源数据来主动识别用户的情绪。

(1) 基于数据库查询结果

Mathew 等[32]提出一种以数据为中心的方法,通过分析用户访问的数据点来建模用户访问模式。为了做到这一点,他们试图获得一种访问模式,该模式使用一个代表 RDBMS(Relational Database Management System)所使用 SQL 查询的结果元组统计度量的向量来描述用户试图访问的内容。S 向量是通过计算对数值属性的最小、最大、平均、中值和标准差,以及对非数值属性计算总数和不同值的数量而获得的。Mathew 等在一个真实的研究生录取数据库中,利用用户名、用户角色等信息,将查询结果的统计数据作为输入,来训练机器学习算法(朴素贝叶斯、决策树、SVM 和聚类),结果,与 Kamra 等[33]提出的以语法为中心的方法相比,性能提升了近 10%。

(2) 基于情感分析

研究者使用 YouTube[30]、Sentiment140[29]和 WoW Census[31]的研究目的是检测用户态度或情绪的变化,而不是检测恶意行为。

Kandias 等[34]使用了来自视频流网络服务 YouTube 的数据,他们从 YouTube 中收集了用户相关的数据(个人资料、上传的视频、订阅、喜欢的视频和播放列表)、视频相关的数据(许可、喜欢的数目、不喜欢的数目、类别和标签)和评论相关的数据(评论、喜欢的数目、不喜欢的数目),然后他们利用机器学习或基于字典的分类算法,将每个视频的评论分类为积极态度的评论和消极态度的评论。在他们的研究中,他们假设恶意的内部人员与对执法人员和权威机构的消极态度在心理社会特征方面有着密切的关系,有了这个假设,就可以利用这些数据来追踪恶意意图。

Park 等[29]利用包含 160 万条推文的 Sentiment140 数据集[35]进行了恶意内部人员检测。Sentiment140 数据集是包含用户标识、日期、推文和推文的情感的 csv 文件。Park 等用数据集训练无监督学习(朴素贝叶斯、SVM、线性、决策树)和有监督学习(K-Means、EM)算法,并计算情感得分,当使用决策树检测可能的恶意内部人员时,他们达到了最高的准确率,最高准确率为 99.7%。

Brdiczka 等[31]使用了公共在线游戏数据集(WoW Census 数据集),提出了一个比使用文本挖掘来分类情绪状态更复杂的模型,该模型使用行为、文本分析和社交网络数据来预测个性。对于行为分析,Brdiczka 等人使用了魔兽世界在线游戏数据集的行为数据,如里程碑成就、死亡类型和角色技能。为了分析文本,他们从名字(角色、公会、角色、种族、动作)和聊天信息中选择特征。最后,为了揭示社交网络的使用,他们分析了好友关系网络和公会成员网络。通过三种分析的结合,他们可以获得通过游戏中社交网络结构分析检测到的可能的异常行为(公会退出)结果,并且可以使用行为分析和文本分析来捕捉玩家的个性。

Greitzer 等[36]试图在他们的研究中将传统的网络安全审计数据和社会心理数据相结合。在这项研究中,他们提出了五个合法的(或不涉及隐私伦理)的数据源来评估心理社会因素,以确定候选的内部人员。通过使用 360 Profiler 和其他工具,他们对员工绩效评估、能力跟踪、纪律跟踪、工时记录卡记录、邻近卡记录和雇用前的表现进行了背景调查。他们还列出了不被应用于监控内部威胁的数据,例如:逮捕记录、员工援助计划(Employee Assistance Program)的使用(例如,用于家庭咨询)、员工投诉机制的使用、生活事件(例如结婚、离婚、出生或死亡)以及健康事件(医疗记录)。Maasberg 等[37]提出了基于 CMO 模型的理论模型,试图找出内部威胁和恶意意图之间的关系,然后他们以此来解释 Dark Triad 的人格特征和内部威胁的关系。

(3) 基于用户或设备间的关系

在被研究的文献中,Enron 电子邮件数据集、VAST 数据集、订单处理数据集和 EHR 访问日志是提供参与者之间关系的数据集。这些数据集提供了用户或设备之间的整体关系,而不仅仅是设备监控数据。

Enron 电子邮件数据集包含大约 150 名员工的 50 万封电子邮件,其中大多数邮件来自 Enron 公司的高级管理层。因为 Enron 电子邮件数据集是一个被收集、存储在公司邮件服务器中的邮件的数据集,所以我们将其归类为应用层,但其不同于多域业务数据(Section V-A3)的电子邮件数据,因为后者还包括添加到电子邮件本身的用户活动。Eberle 等[38]使用 Enron 电子邮件数据集、VAST 数据集和他们自己使用 OMNeT ++公共域离散事件模拟器模拟的订单处理数据集来构造关系图(顶点和边)。Eberle 和 Holder 认为基于图的算法可以解决没有考虑关系信息的分类算法的缺点。Eberle 和 Holder 使用基于图的异常检测算法(Graph-Based Anomaly Detection,GBAD)来构建典型模式的图(最普遍的子结构),该检测方法是一种基于图知识发现系统的无监督算法。实验结果表明 GBAD 方法可以检测到不同的模式结构,并且可以应用到物联网威胁检测中。

Legg 等[39]也使用了 Enron 电子邮件数据集,但他们没有使用基于关系的方法,因为他们试图通过使用词袋和字数统计来识别心理背景。VAST 数据集由手机通信数据组成,该数据具有拨号方、接听方、日期/时间、通话时间和蜂窝塔等属性。前述的 Eberle 和 Holder 利用了该数据集并用上述方法获得了关系图。Kim 等[40]提出了运用基于图形的方法来计算员工行为的 ITD 模型,该模型是一组独立的图,表示活动的每个域(例如,主题、电子邮件、文件和 Web)。通过一个组合的集合,该模型可以计算出一个综合的行为得分。

(4) 基于个人身份

Balabit 鼠标动态挑战数据集包含鼠标指针的时间和位置信息。Balabit 数据集适用于基于鼠标移动的用户身份验证或识别目的。从内部威胁的角度来看,用户身份验证可能与伪装者检测有关。该方法的目的是确定当前用户是否是具有正确权限的真实用户。Hu 等[41]研究了基于鼠标动态和深度学习的方法,得到了相对较高的准确率,每 7 秒钟的错误接受率为 2.94%,错误拒绝率为 2.28%。

Mayhew 等[26]从他们的私人系统中收集了 Wiki、Twitter 和电子邮件的文本数据。他们还利用 HTTP 和 TCP 等数据进行了测试,同时也引入了一种使用文体学进行身份识别的方法。使用文体学方法,Mayhew 等人可以从 Twitter 和电子邮件中得到用户写作风格的各种特征。此外,根据 MediaWiki,研究者可以使用身份信息、文档主题和变化长度等特征来计算每个用户的知识得分。通过实验,Mayhew 等人对 Twitter 和电子邮件的写作风格检测的真阳性率超过 93%,对维基知识评分法的真阳性率为 76%。

(5) 基于脑电波

Almehmadi 和 El-Khatib[42]使用脑电图(Electroencephalogram,EEG)的响应将刺激可视化,以表明使用用户意图作为访问控制手段的可能性。EGG 等生理信号是无意识的,具有难以受他/她自身反应控制的优势。利用 P300 这一脑电信号中 300 毫秒延迟的正峰值，可以高精度地检测用户的意图知识。虽然基于 P300 的隐藏信息检测准确率为 90%～100%，但这是处于实验环境下的测试结果。在实验中，Almehmadi 和 El-Khatib 通过在存在对特定资源有不良意图和动机的情况下刺激参与者的方式，例如显示恶意行为的图片，分析了 P300 反馈。结果表明，用 EGG 而不用身份认证来分析来访者的意图是可行的。

Hashem 等[43]用一种消费级的脑电图设备构建了一个数据集，用于他们的研究。该设备可以记录来自大脑 14 个不同部位的脑电波信号，可以采集一个人的日常活动（浏览、文件访问情况、电子邮件收发情况）和恶意活动任务（获取数据、黑客攻击）的脑电图信号。使用支持向量机的分类测试表明，Hashem 等用脑电波数据集检测出了 84%～89%的恶意行为。

（6）基于活动指示器

基于活动指示器（Active Indicator）的检测方法是分析内部人员在被激发特殊事件后的反馈。Matthews 等[44]使用专门构建的模拟环境进行了实验。在模拟环境下，通过分析参与者支持情报部门揭露有关恐怖分子阴谋活动的情况，利用安装了眼动跟踪的装置来监测参与者，以检测出非法活动。此时，通过生成活动指示器样本（如在屏幕上显示关键提示）来识别间谍活动，并试图通过与正常情况下的眼球运动进行比较来捕捉非法内部人员。基于说假话假设的实验通常比说实话假设情况更复杂，例如说谎者可以控制和调节口头和非口头的信息，所以我们同样也期望通过这些变化发现欺骗行为。

（7）物联网环境因素

即使在物联网环境中，ITD 使用应用层也是有用的，因为为了获取大量数据，有必要连接到一个服务并监控整个服务的运行状态。特别是，使用数据库访问模式的研究有望在物联网环境中有用，因为所有数据最终都存储在数据库中，并且数据是通过查询提取的。

情感分析引起了研究人员的极大关注，因为它可以主动检测内部威胁。情感分析基于这样的假设，即恶意的内部人员表现出的不良行为是早期迹象的预警，如语言风格变化、工作进展、面部表情等。当然，正如 Homoliak 等[45]提到的，检测情感变化只是为了主动预防，而不是为了证明个人是否参与了任何恶意活动。然而，除了网络数据之外，研究人员[36]建议使用情感数据来辅助分析恶意行为。此外，由于 ITD 的性质，其具有比基于规则的方法更高的假阳性率，如果该方法能够通过情感分析来缩小观察目标的范围，这将是有用的。ITD 还有一个优势，那就是主动寻找更有可能执行复杂攻击的内部人员，而这些攻击仅靠系统行为是无法被发现的。然而，对于情感分析，尽管有必要收集基于文本的信息，但这可能会导致法律或道德问题。

基于图的检测具有适用于各种类型的数据并考虑关系特征的优势。然而，我们在 ITD 领域找不到太多的研究。此外，研究者还应当考虑如果恶意物联网设备不属于被监控网络，基于图的方法就无法检测到内部威胁的情况。

基于个人身份的数据集对于检测用户特征比系统行为更有用。此外，鼠标是最直接被控制的设备，是直接观察用户行为的合适数据集。文体学也可用于检测伪装者。然而，在将这些方法应用于物联网环境时，需要考虑一些事情。首先，在物联网环境中，机器对机器的接口可能比用户接口多。在这种情况下，由于可能没有直接的用户行为，所以有必要找到并应用一个适合每个物联网领域环境的特性。当然，也有带用户接口的物联网设备，但由于它们提供的接口与鼠标不同，因此有可能需要监控其他相关数据并将其应用于研究。其次，文本数据必须考虑收集过程的法律因素，以及对于不怎么写字的用户来说，获取他们的数据也是有难度的，还需要考虑的是，物联网设备中并不会产生太多的内容，这一点不同于一般的 IT 环境。

基于脑波的研究提出了利用生物特征信号主动检测恶意意图的方法。这种方法的局限性在于需要使用传感设备来明显地从用户那里收集数据。然而，当使用该方法作为对重要区域的访问控制时，还是能够准确地检测出潜在的内部人员。该方法还可以有效地用于检测难以找到的对小规模物联网设备的使用情况的意图。

基于活动指示器的方法与基于情感的方法一样，具有主动发现内部人员的优势。然而，这种方法基于对人的观察，而不是对设备的监控。因此，根据环境状态，预计在现有物联网环境中这个不同点是很小的。

6.2.4 其他方法

在前几小节中，我们根据物联网结构的每一层可以收集的数据，分析了哪些数据用于何种目的。然而，并非所有的分析和研究都使用数据集进行实验。例如仅仅做了理论研究而没有验证实验的论文很难归入上述结构，因为它们没有直接使用特定的数据。这就是为什么我们要在这一部分单独分析这些论文。

(1) 基于进程分析

大多数内部威胁研究试图检测异常行为或识别更有可能成为内部人员的个人。然而，Bishop 等[46]提出了一种方法来分析进程如何易受攻击，并提出了对策来提高进程对内部攻击的抵抗力。为了发现漏洞，他们利用了故障树分析这种静态分析技术。该方法基于这一假设，即简单的布尔代数可以计算割集和最小割集。割集是可能导致危险的事件文字集(主要事件或主要事件的否定)，最小割集是不能进一步减少的割集。一个最小割集指的是系统中的一个漏洞，因为如果最小割集中的所有事件都发生了，它会导致对应于故障树根的危险。Bishop 等介绍了如何通过寻找最小割集来分析与内部人员的破坏和数据泄露攻击相关的进程的漏洞。

我们希望这种方法可以通过保护进程来增强系统抵抗内部攻击的能力。然而，这种方法的缺点是只适用于已经进行了故障树分析的关键行业，如航空或核领域。此外，在物联网环境中，事件的数量可能会急剧增加，这可能会增加设计故障树的复杂性。研究人员应该考虑到，这种复杂性的增加会导致过程分析中事件的缺失，从而影响漏洞分析的可靠性。

(2) 基于角色

Sandhu 等[47]引入了基于角色的访问控制(RBAC)，RBAC 规则的使用意味着检测系统在行为分析期间考虑用户的角色。Nellikar[48]设计了一个策略引擎,通过向策略引擎提供RBAC规则,将用户的角色注入到日志中,他还描述了一个可以模拟内部人员并以日志形式生成访问信息的模拟器。该模拟器可以对内部威胁人员/普通用户进行建模,生成基于马尔可夫链的访问信息,并有望通过模拟真实的组织经验来克服获取真实数据的困难。五种分类算法(OC-SVM、Support Vector Data Description、One class classification、Filter for detecting outliers using interquartile ranges、Fast Adaptive Mean Shift)使用模拟器生成的日志文件进行内部威胁检测,结果表明当考虑角色时,可以获得更高的精度。

Kaghazgaran 和 Tabaki[49]提出了欺骗技术和访问控制模型相结合的方法。这些方法引入了蜂蜜许可,即检测内部威胁的扩展 RBAC。假设与给定角色不相关联的某人可能是潜在的内部人员,所提出的系统可以检测使用蜂蜜权限的内部人员。对于这些系统,Kaghazgaran 和 Tabaki 介绍了对象的敏感度级别、权限的风险、角色的风险、哪些权限适合蜂蜜权限以及蜂蜜权限分配的候选角色数量的计算方法。通过实验,他们证明了该方法合理地增加了最终 RBAC 模型的成本。

基于角色的方法有助于检测内部人员,该方法通过发现用户行为和相似角色组之间的偏差或通过监控未授权的资源访问情况来实现。虽然这种方法据报告适用于网络或系统边界清晰且固定的情况,但在边界不模糊的物联网环境中,应进行更多验证[50]。

(3) 攻击向量建模

目前与 ITD 相关的论文中只有少数与物联网相关,这一部分主要涉及关于内部人员使用物联网设备造成的威胁的研究。

Nurse 等[3]通过关注雇主为企业带来的设备,从物联网的角度解决了内部威胁问题。他们使用 VERIS 的 A4(资产、参与者、属性、动作)建模方法和攻击上下文来呈现攻击向量。对于攻击向量,他们提供了恶意内部人造成的八种攻击向量和无意内部人造成的八种攻击向量。此外,对于物联网攻击捕获的攻击向量建模技术,他们扩展了霍华德(Howard)和朗斯多夫(Longstaff)的分类法,以识别构成攻击的关键方面。对于这个扩展,他们为工具方面添加了"物理设备功能"类别和子类别(照相机、录音机、存储系统、设备扫描仪、网络扫描仪、接入点和位置跟踪器)。他们还将"记录"(拍照、录像和录音)类别添加到拥有典型攻击类别的行动方面,并将"人员"和"事件"类别添加到资产方面。Kammüller 等[51]在交互式定理证明器 Isabelle 中正式模拟了与物联网相关的内部攻击,描述了一种正式的方法,包括内部威胁的社会解释和攻击树的表示,并展示了通过扩展的正式语言模拟员工勒索和识别漏洞的能力。

参考文献

[1] ASHRAF Q M, HABAEBI M H. Autonomic schemes for threat mitigation in Internet of Things[J]. Journal of Network and Computer Applications, 2015, 49:

112-127.
[2] ZHANG Z K, CHO M C Y, WANG C W, et al. IoT security: ongoing challenges and research opportunities[C]//2014 IEEE 7th international conference on service-oriented computing and applications. Matsue, Japan: IEEE, 2014: 230-234.
[3] NURSE J R C, EROLA A, AGRAFIOTIS I, et al. Smart insiders: exploring the threat from insiders using the internet-of-things[C]//2015 International Workshop on Secure Internet of Things (SIoT). Vienna, Austria: IEEE, 2015: 5-14.
[4] LAVROVA D, PECHENKIN A. Applying correlation and regression analysis to detect security incidents in the internet of things[J]. International Journal of Communication Networks and Information Security, 2015, 7(3): 131.
[5] HAROON A, SHAH M A, ASIM Y, et al. Constraints in the IoT: the world in 2020 and beyond[J]. International Journal of Advanced Computer Science and Applications, 2016, 7(11):252-271.
[6] SHELBY Z, BORMANN C. 6LoWPAN: The wireless embedded Internet[M]. New York: John Wiley & Sons, 2011.
[7] KOZUSHKO H. Intrusion detection: Host-based and network-based intrusion detection systems[J]. Independent study, 2003, 11: 1-23.
[8] SAMPLE A P, YEAGER D J, SMITH J R. A capacitive touch interface for passive RFID tags [C]//2009 IEEE International Conference on RFID. IEEE, 2009: 103-109.
[9] SCHONLAU M, DUMOUCHEL W, JU W H, et al. Computer intrusion: Detecting masquerades[J]. Statistical science, 2001: 58-74.
[10] GREENBERG S. Www and unix data sets [EB/OL]. [2023-03-15]. http://saul.cpsc.ucalgary.ca/pmwiki.php/HCIResources/HCIWWWUnixDataSets.
[11] MAXION R A. Masquerade detection using enriched command lines [C]// International Conference on Dependable Systems and Networks. Proceedings. IEEE Computer Society, 2003: 5-5.
[12] DARPA. 1998 darpa intrusion detection evaluation dataset[EB/OL]. [2023-03-15]. https://www.ll.mit.edu/r-d/datasets/1998-darpa-intrusion-detectionevaluation-dataset.
[13] BENSALEM M. Ruu dataset[EB/OL]. [2023-03-15]. http://ids.cs.columbia.edu/content/ruu.html, 2009.
[14] PARVEEN P, EVANS J, THURAISINGHAM B, et al. Insider threat detection using stream mining and graph mining [C]//2011 IEEE Third International Conference on Privacy, Security, Risk and Trust and 2011 IEEE Third

International Conference on Social Computing. IEEE, 2011: 1102-1110.

[15] SALEM M B, STOLFO S J. Masquerade attack detection using a search-behavior modeling approach [R]. Columbia University, Computer Science Department, Technical Report CUCS-027-09, 2009: 1-17.

[16] GLASSER J, LINDAUER B. Bridging the gap: A pragmatic approach to generating insider threat data[C]//2013 IEEE Security and Privacy Workshops. IEEE, 2013: 98-104.

[17] CERT. Cert insider threat test dataset[EB/OL]. [2023-03-15]. https://resources.sei.cmu.edu/library/asset-view.cfm? assetid=508099, 2016.

[18] ELDARDIRY H, BART E, LIU J, et al. Multi-domain information fusion for insider threat detection[C]//2013 IEEE Security and Privacy Workshops. IEEE, 2013: 45-51.

[19] GAVAI G, SRICHARAN K, GUNNING D, et al. Detecting insider threat from enterprise social and online activity data[C]//Proceedings of the 7th ACM CCS international workshop on managing insider security threats. 2015: 13-20.

[20] SENATOR T E, GOLDBERG H G, MEMORY A, et al. Detecting insider threats in a real corporate database of computer usage activity[C]//Proceedings of the 19th ACM SIGKDD international conference on Knowledge discovery and data mining. 2013: 1393-1401.

[21] TAYLOR P J, DANDO C J, ORMEROD T C, et al. Detecting insider threats through language change[J]. Law and human behavior, 2013, 37(4): 267.

[22] ZIEGELDORF J H, MORCHON O G, WEHRLE K. Privacy in the Internet of Things: threats and challenges[J]. Security and Communication Networks, 2014, 7(12): 2728-2742.

[23] SANTOS L, RABADÃO C, GONÇALVES R. Flow monitoring system for IoT networks[C]//New Knowledge in Information Systems and Technologies: Volume 2. Springer International Publishing, 2019: 420-430.

[24] PARVEEN P, THURAISINGHAM B. Unsupervised incremental sequence learning for insider threat detection[C]//2012 IEEE International Conference on Intelligence and Security Informatics. IEEE, 2012: 141-143.

[25] MEIDAN Y, BOHADANA M, MATHOV Y, et al. N-BaIoT-network-based detection of iot botnet attacks using deep autoencoders [J]. IEEE Pervasive Computing, 2018, 17(3): 12-22.

[26] MAYHEW M, ATIGHETCHI M, ADLER A, et al. Use of machine learning in big data analytics for insider threat detection [C]//MILCOM 2015-2015 IEEE

Military Communications Conference. IEEE, 2015: 915-922.

[27] PROJECT C., Enron email dataset[EB/OL]. [2023-03-15]. https://www.cs.cmu.edu/ enron/, 2015.

[28] V. C. Mc3-cell phone calls[EB/OL]. [2023 03 15]. http://www.cs.umd.edu/hcil/varepository/VAST Challenge 2008/challenges/MC3 - Cell Phone Calls/, 2008.

[29] PARK W, YOU Y, LEE K. Detecting potential insider threat: Analyzing insiders' sentiment exposed in social media[J]. Security and Communication Networks, 2018, 2018: 7243296: 1-7243296: 8.

[30] KANDIAS M, STAVROU V, BOZOVIC N, et al. Proactive insider threat detection through social media: The YouTube case[C]//Proceedings of the 12th ACM workshop on Workshop on privacy in the electronic society. 2013: 261-266.

[31] BRDICZKA O, LIU J, PRICE B, et al. Proactive insider threat detection through graph learning and psychological context[C]//2012 IEEE Symposium on Security and Privacy Workshops. IEEE, 2012: 142-149.

[32] MATHEW S, PETROPOULOS M, NGO H Q, et al. A data-centric approach to insider attack detection in database systems[C]//Recent Advances in Intrusion Detection: 13th International Symposium, RAID 2010, Ottawa, Ontario, Canada, September 15-17, 2010. Proceedings 13. Springer Berlin Heidelberg, 2010: 382-401.

[33] KAMRA A, TERZI E, BERTINO E. Detecting anomalous access patterns in relational databases[J]. The VLDB Journal, 2008, 17(5): 1063-1077.

[34] KANDIAS M, MYLONAS A, VIRVILIS N, et al. An insider threat prediction model[C]//Trust, Privacy and Security in Digital Business: 7th International Conference, TrustBus 2010, Bilbao, Spain, August 30-31, 2010. Proceedings 7. Springer Berlin Heidelberg, 2010: 26-37.

[35] GO A, BHAYANI R, HUANG L. Sentiment140, Site Functionality, 2013c. http://help. sentiment140. com/site-functionality. Abruf am, vol. 20, 2016.

[36] GREITZER F L, FRINCKE D A. Combining traditional cyber security audit data with psychosocial data: towards predictive modeling for insider threat mitigation[M]// Insider threats in cyber security. Boston: Springer, 2010: 85-113.

[37] MAASBERG M, WARREN J, BEEBE N L. The dark side of the insider: detecting the insider threat through examination of dark triad personality traits [C]//2015 48th Hawaii International Conference on System Sciences. IEEE, 2015: 3518-3526.

[38] EBERLE W, GRAVES J, HOLDER L. Insider threat detection using a graph-

based approach[J]. Journal of Applied Security Research, 2010, 6(1): 32-81.

[39] LEGG P A, BUCKLEY O, GOLDSMITH M, et al. Automated insider threat detection system using user and role-based profile assessment[J]. IEEE Systems Journal, 2015, 11(2): 503-512.

[40] KIM Y, SHELDON F. Anomaly detection in multiple scale for insider threat analysis [C]//Proceedings of the Seventh Annual Workshop on Cyber Security and Information Intelligence Research. 2011: 1-1.

[41] HU T, NIU W, ZHANG X, et al. An insider threat detection approach based on mouse dynamics and deep learning [J]. Security and communication networks, 2019.

[42] ALMEHMADI A, EL-KHATIB K. On the possibility of insider threat prevention using intent-based access control (IBAC)[J]. IEEE Systems Journal, 2015, 11(2): 373-384.

[43] HASHEM Y, TAKABI H, GHASEMIGOL M, et al. Towards insider threat detection using psychophysiological signals[C]//Proceedings of the 7th ACM CCS international workshop on managing insider security threats. 2015: 71-74.

[44] MATTHEWS G, WOHLEBER R, LIN J, et al. Cognitive and affective eye tracking metrics for detecting insider threat: A study of simulated espionage[C]//Proceedings of the Human Factors and Ergonomics Society Annual Meeting. Sage CA: Los Angeles, CA: SAGE Publications, 2018, 62(1): 242-246.

[45] HOMOLIAK I, TOFFALINI F, GUARNIZO J, et al. Insight into insiders and it: A survey of insider threat taxonomies, analysis, modeling, and countermeasures [J]. ACM Computing Surveys (CSUR), 2019, 52(2): 1-40.

[46] BISHOP M, CONBOY H M, PHAN H, et al. Insider threat identification by process analysis[C]//2014 IEEE Security and Privacy Workshops. IEEE, 2014: 251-264.

[47] SANDHU R, FERRAIOLO D, KUHN R. The NIST model for role-based access control: towards a unified standard[C]//ACM workshop on Role-based access control. 2000, 10(344287.344301).

[48] NELLIKAR S. Insider threat simulation and performance analysis of insider detection algorithms with role based models[D]. University of Illinois, 2010.

[49] KAGHAZGARAN P, TAKABI H. Toward an Insider Threat Detection Framework Using Honey Permissions[J]. J. Internet Serv. Inf. Secur., 2015, 5 (3): 19-36.

[50] KIM A, OH J, RYU J, et al. A review of insider threat detection approaches with

IoT perspective[J]. IEEE Access, 2020, 8: 78847-78867.

[51] KAMMÜLLER F, NURSE J R C, PROBST C W. Attack tree analysis for insider threats on the IoT using Isabelle[C]//Human Aspects of Information Security, Privacy, and Trust: 4th International Conference, HAS 2016, Held as Part of HCI International 2016, Toronto, ON, Canada, July 17-22, 2016, Proceedings 4. Springer International Publishing, 2016: 234-246.

第7章　内部威胁数据

内部威胁事件和数据集可以用于内部威胁的分析和建模,或者帮助研究者针对特定类型的事件设计防御解决方案。内部威胁的研究需要相关数据集的支撑,然而,如何获取高质量的内部威胁数据是一个十分复杂的问题。一方面,关于内部攻击的信息往往是保密的,因为一旦公开这些攻击的细节,企业或组织的名誉可能会受到损害。另一方面,即使企业或组织愿意共享相关用户的数据,如何从这些数据中区分普通行为和恶意攻击行为也是一个十分困难的问题。

公共数据集的优势在于,它们可以很容易地被获取并使用,研究人员可以使用这些经过验证的数据集进行研究。然而,有时需要为研究人员的研究创建一个新的数据集。在这种情况下,研究人员使用来自他们公司或特定公司、测试平台的数据集。这些数据集通常由于某些原因而没有公开,比如其中可能包含敏感信息。由于在进行内部威胁检测研究时可能有必要创建一个考虑某一特定场景的新数据集,因此本章主要介绍目前内部威胁研究中使用的数据集以及如何构建可以用于研究内部威胁的数据集。

7.1　内部威胁数据集

7.1.1　数据集类型

目前存在的用于研究的数据集大多数是模拟生成的。在数据集的生成过程中,可采取不同的生成策略。根据内部威胁研究的目的和对象的不同,所采用的数据集类型也有所差别。

在目前已知的内部威胁研究中,一些数据集来源于真实环境中采集的数据,其他的数据集通常由模拟或合成的方式生成。其中,模拟是指通过人工创造一些模拟的实验环境,在该实验环境中收集相关的内部威胁数据;合成是指利用相关的数据合成技术及相关的模型理论,合成一些可用于相关研究的数据。

1. 真实数据集

在以上三种生成方式中,对研究者来说最有价值的数据是来自真实环境中表征内部人行为的数据。然而,实际分析中研究的数据集却因为主要受事后取证推动和涉及企业或组织秘密等原因相对匮乏。即使有一些研究给出了从真实环境中采集的数据集[1],这些数据也存在很大的局限性。

例如,Enron 数据集[2]包含了大约 500 000 封在真实世界中收集的电子邮件,这些邮件主要来自 Enron Corporation 的 150 位高级管理人员,在该公司接受美国联邦能源监管委员会调查时被公布到网上。虽然这些数据对内部威胁的研究很有参考价值,但它缺乏很多其他的内部威胁数据特征,比如进程、注册表、文件权限等。

2. 模拟数据集

考虑真实数据难以获取等问题,部分研究者选择人工创造一些模拟环境,在模拟环境中模拟正常的行为以及内部威胁行为,并在该模拟环境中收集相关的数据。这种方法的好处是消除了内部威胁公开对企业带来的负面影响,而且研究者可以根据需求自由地设计相关的实验场景。当模拟的环境越接近真实环境,所收集到的数据也越接近真实数据。但这种方法只是模拟真实环境,与真实环境相比,仍然缺失很多数据维度,且进行这种模拟的成本较高,困难程度随着人员、设备的增加也不断增加,现存的相关类型的研究往往只基于相对少的人群。Berk 等通过比对真实网络环境中产生的流量以及模拟环境中产生的网络流量,认为模拟的网络流量有着"实质性的缺点"[3]。采用该种类型方法的数据集有 RUU[4]、TWOS[5]等。

RUU 数据集[4]收集了来自 34 个正常用户和 14 个伪装者的主机活动记录,其中包含进程、注册表、动态库加载和系统界面等相关数据。与 Enron 数据集相比,RUU 数据集包含了更多维度的数据,但和真实环境中的数据相比,它仍缺失了很多维度。Harilal 等[5]通过设计一个多人参与的游戏来模拟真实公司的运作以收集数据。这个游戏共有 24 个参与者,每 4 个人一组,分成了 6 支队伍,整个过程持续一周。该数据集包含的数据类型包括鼠标活动、键盘记录、主机活动、网络活动、电子邮件、登录状态等多个维度。

3. 合成数据集

第三种生成方式为利用现存的一些数据合成技术,直接生成所需的数据,而不需要模拟一些模型或实体。与前两种方法相比,它的生成方式更自由,根据研究者研究重点的不同,既可以合成十分复杂、包含多种维度的数据,又可以合成仅包含某几个指定维度的数据,其所使用的各种模型如用户社交网络拓扑模型等完全是可控的,且其生成方式更简单、易操作,所需的成本也更低。同时,合成数据可以不受限制地被任何研究人员使用,而不用考虑隐私带来的问题,它可以为该领域的研究人员提供一个通用的标准,允许研究人员共享各种威胁场景,有助于该领域内人员的合作。但其一个很明显的缺点是合成数据的真实性与真实世界中的数据往往有很大差别,导致难以对使用这种数据集的结果进行评估和分析。目前内部威胁领域常用的 CERT[6]数据集就采用了数据合成的方法。

CERT 数据集来源于卡内基梅隆大学的内部威胁中心,由美国国防部高级研究计划局赞助,该中心与 ExactData 公司合作生成了这个内部威胁数据集。该数据集模拟了内部人员实施的系统破坏、信息窃取和内部欺诈三类主要的攻击行为以及大量正常的背景数据。该数据集考虑了内部人员行为建模的多个维度,包括关系图模型、资产图模型、行为模型、沟通模型、话题模型、心理模型等,通过数据合成技术生成多个维度的用户行为数据,包括用户的登录信息、浏览器记录、文件访问日志、电子邮件、设备使用记录(如存储设备、打印机等)等，还包括用户的工作岗位和工作部门等信息，是一个比较全面的数据集。

7.1.2 公开数据集

Harilal 等[5]通过生成数据的意图以及恶意攻击的种类等将已知的相关数据集划分成五个类别。如图 7-1 所示，根据非用户数据中的用户意图，将数据集分为恶意和良性两类。对于恶意的数据集，通过合法用户以违反策略的执行方式访问来获取基于背叛的数据集，通过获得未授权的访问来获取基于伪装的数据集，或者当两种情况分别包含在一个数据集中时可以获取出于恶意的数据集。针对良性的数据集，通过辨别恶意类别是否由数据集的发布者制定，其中替代伪装类别包括带有样本的数据集，这些样本包含这种显式构建的“恶意类”的标签，而基于识别/认证的类别的样本仅包含用户识别标签。将良性的数据集分成两个子类别，使得研究者能够隔离在检测/分类任务中指定相同条件的数据集，因此，在这些数据集上对方法的评估在相同的设置下总是可重复的。其中，恶意数据集又可根据恶意攻击者的类型分为基于伪装者、基于叛变者和二者混合三种数据集，具体分类如图 7-1 所示。

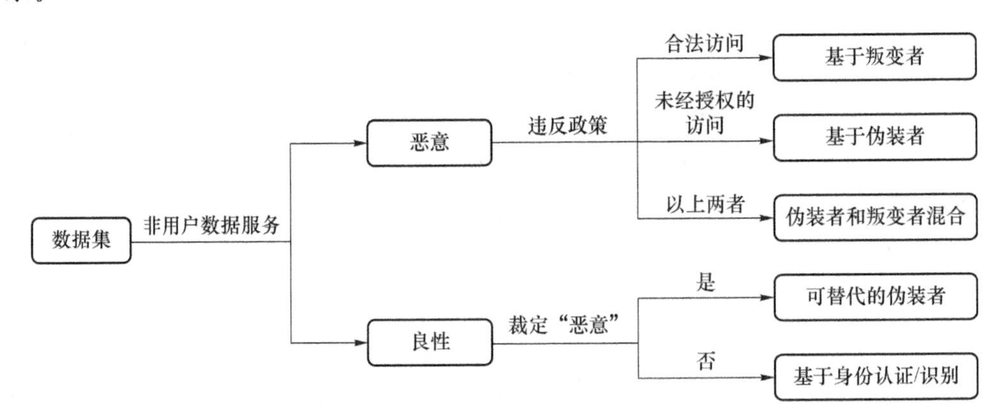

图 7-1 内部威胁数据集分类

1. 基于伪装者的数据集

虽然有很多研究关注内部威胁中的伪装者攻击问题，但只有少数几个研究专门使用针对伪装者攻击设计的数据集。以下列举的数据集利用了在数据项中含有恶意标签的数据集，相应的恶意场景是为了通过获得未经授权的访问来违反政策。具有代表性的数据集如下。

RUU 数据集[4]是一个伪装者数据集。该数据集通过对 34 个正常用户的主机活动记录进行模拟生成，这些活动记录包括文件访问信息、Windows 注册表信息、动态运行库信息和系统 UI 信息。该数据集还包含了 14 个指定的伪装者通过执行特定的任务而生成的伪装者攻击信息。其具体任务是找到任何具有直接或间接财务价值的数据；用户不受任何特定手段或资源的限制。

WUIL[7]数据集由 Camina 等人设计，该数据集包含通用文件系统的交互，例如，打开、写入、读取等。WUIL 数据集包含来自 20～76 名志愿者用户的记录，该记录包含了他们在日常活动中不同时间段的操作行为。一些用户产生了大约一个小时的日志，而其他人则生成了跨越数周的日志。数据是使用内部工具收集的，用于对各种版本的 Windows 机器(XP、7、8 和8.1)进行文件系统审计。虽然合法用户的数据是从真实用户那里收集的，但伪装会话是使用脚本模拟而成的，同时考虑了用户的三个不同的技能水平特性。

DARPA 1998 数据集[8]是由麻省理工学院林肯实验室根据一个"包含 1 000 个不同主机上的 100 个用户的政府网站"的统计参数合成的数据集，其主要目的是评估和改进入侵检测系统。然而，它也被用于内部威胁检测问题的研究。DARPA 1998 数据集包括被攻击机器上捕获的网络痕迹和系统调用日志，所进行的攻击分为四组：拒绝服务类型、远程链接、非法获取用户权限和行为监视。从内部威胁的角度来看，唯一值得关注的攻击行为是"非法获取用户权限"，其可被视为伪装攻击。

2. 基于叛变者的数据集

在恶意数据集中，与基于伪装者的攻击相比，叛变者的攻击更难检测。因为在内部威胁环境中，伪装者的行为往往与正常用户的行为有差别，而叛变者本身就是内部威胁环境中拥有合法权限的用户。与该恶意攻击类型相关的数据集有 Enron 数据集(CALA 项目2015)[2]和 APEX07[9]数据集。

Enron 数据集包含了来自 150 名 Enron 公司高管的 500 000 封往来邮件数据(从 1998 年到 2002 年)，其中一些电子邮件因包含机密信息而被删除，但是这个数据集依然包含了一些有趣的信息，可以用于分析电子邮件中的文本和进行社交网络分析。这些数据也可用来进行内部威胁中叛变行为的研究。

APEX07 数据集是由国家标准和技术研究所(NIST)构建的，用于模拟情报分析人员的任务。它包含八个良性分析师的行动和研究报告，但数据集中恶意的内部攻击行为是在五个良性分析师的任务基础上模拟生成的，使得检测更具有挑战性。

3. 伪装者和叛变者混合数据集

伪装者和叛变者混合数据集在生成策略中既包含伪装者的恶意用户类型又包含叛变者的恶意用户类型，因此能够更全面地对内部威胁攻击进行建模，可以作为检测恶意内部威胁的通用测试平台。同时考虑这两种类型的数据集有 CERT 数据集[6]和 TWOS 数据集[5]。

CERT 数据集由使用包含叛徒实例的场景以及其他涉及伪装活动的场景生成。所收集的数据包含登录数据、浏览历史、文件访问日志、电子邮件、浏览器历史、文件访问记录、电子邮件、设备使用情况、心理测量信息和 LDAP 数据。

TWOS 数据集同样同时包含伪装者和叛变者两种内部威胁攻击类型的数据。该数据集由 Harilal 等人创建，其数据从一个多玩家游戏中采集，该游戏旨在再现真实公司中的互动，同时刺激伪装者和叛徒的存在。该游戏涉及 24 名用户，这些用户分成 6 个团队，玩了一周。伪装会话是由"临时"恶意用户执行的，他们偶尔会收到其他用户(受害者)的凭据，并能够在90 分钟内控制受害者的机器。叛徒会话是在一些参与者被原团队解雇时收集的。

数据集由各种数据类型组成，如鼠标、键盘、网络和系统调用的主机监视器日志。此外，Harilal 等人展示了适用的最先进的功能，并展示了 TWOS 数据集在与内部威胁领域相关的多个网络安全领域的潜在用途，如作者身份验证和识别、连续身份验证和情感分析。

根据数据集中的恶意类别标签是否由数据集的制作者人为指定，良性数据集又可分为可替代的伪装者数据集和基于身份认证/识别的数据集。

4. 可替代的伪装者数据集

在可替代的伪装者数据集中，从数据本身不能区分其是恶意数据还是良性数据，判断用户是否是恶意攻击者主要根据它的数据与其他合法用户数据的差别，它的恶意用户标签是人为添加的。一个常见的例子是 Schonlau[10] 数据集。Schonlau 数据集又叫 SEA 数据集，它包含了 50 名来自一个组织内部不同职位的人员生成的每人约 15 000 条 UNIX 命令。在该数据集中，伪装攻击者的数据是由这 50 名正常用户之外的用户的数据混合生成的，因此从具体的数据内容上无法看出其是否具有恶意内部攻击者的特征。

5. 基于身份认证/识别的数据集

采用基于身份认证/识别策略生成的数据集可以被用来进行内部人员身份认证相关的研究。与前一种数据集类似，该种数据集从数据本身并不能看出数据所代表的用户行为是恶意行为还是正常行为。采用该策略的相关数据集有 Greenberg[11] 的数据集、普渡大学(Purdue University, PU)数据集[12] 和 MITRE OWL[13] 数据集。

Greenberg 的数据集是第一个已知的基于用户身份认证的数据集，该数据集的制作者收集了来自 168 名 UNIX 用户的 csh shell 的完整命令条目。根据用户的知识和技能水平，该数据集被分为 4 组，分别包含 52 名有编程能力的科学家、55 名新手、36 名高级用户和 25 名非技术人员的用户数据。

普渡大学数据集由预处理的 UNIX 命令数据的 8 个子集组成，这些数据取自普渡大学 8 名计算机用户在两年期间的 tcsh 外壳历史(最初它只包含 4 名用户的数据)。该数据集中包含的命令是丰富的，包含命令名称、参数和选项，但是，该数据集中文件名被省略了。

MITRE OWL 数据集收集了在麦金塔操作系统上使用 Microsoft Word 的 24 名用户的记录。该数据集被用于收集用户使用应用的信息以便提供更好的反馈，但也被用来研究用户认证。

7.1.3 数据类型

在内部威胁检测中，需要对不同类型的数据进行分析。不同类型的研究在收集数据的类型上各有侧重。常见的一些数据类型包括鼠标活动、键盘活动、主机活动、网络流量、电子邮件、登录数据、UNIX 命令、日志等。表 7-1 给出了一些常见的数据类型及相应的数据集。其中，有一些优秀数据集在生成时同时考虑了多种用户活动类型，如 TWOS 和 CERT 等。

表 7-1 常见的数据类型及相应的数据集

鼠标活动	Balabit[14]、TWOS
键盘活动	MITRE OWL、TWOS
主机活动	WUIL、CERT、RUU、TWOS
网络流量	CERT、TWOS
电子邮件	ENRON、CERT、TWOS
登录数据	CERT、Greenberg's
UNIX 命令	SEA、Purdue
日志	CERT、Seungwoo's[15]

在表 7-1 所示的这些数据集中，卡内基梅隆大学 CERT 计划的内部威胁数据库 CERT 是其中的一个典型代表，该数据集是目前最广泛应用于研究和测试的数据集。作为一个综合数据集，该数据集中具有相对完整的用户行为记录和攻击场景，在将近 18 个月的时间跨度内，数据集模拟了 4 000 名用户多维度的数据，包括电子邮件、登录日志、文件操作、代理日志等，并在其中加入了恶意欺诈、消息泄露、系统破坏这几类常见的内部威胁操作。从数据源角度来看，该数据集包含了主机日志、网络日志和上下文数据，方便应用于各种开发和测试分析。表 7-2 展示了该数据集记录的具体信息情况。表 7-3 展示了不同版本 CERT 数据集的统计数据。表 7-4 展示了 5 个内部威胁人员中每个内部威胁人员的活动、恶意活动、会话以及恶意会话的统计数据。

表 7-2 CERT 数据集的员工数据信息类别

数据	记录说明	
行为数据	logon. csv	员工登录和注销 PC 设备的型号和时间
	device. csv	员工连接和断开存储设备的时间以及对文件的拷贝记录
	file. csv	员工打开文件的时间、文件类型以及对文件的操作(编辑、删除等)
	email. csv	员工接收、发送内部\外部电子邮件情况，包括发送时间、发件人、收件人、主题和关键内容信息
	http. csv	员工浏览的网站链接、网站内容，以及在网站上传和下载的文件名和时间
员工信息数据	员工每个月的成员变动以及个人信息	
心理测试数据	员工的大五人格测试分数	

表 7-3 CERT r4. 2 和 CERT r6. 2 数据集的统计数据

数据集	# 内部人员	# 内部威胁人员	# 活动	# 恶意活动
r4. 2	1 000	70	32 770 227	7 323
r6. 2	4 000	5	135 117 169	470

表 7-4　每个内部威胁人员的活动、恶意活动、会话以及恶意会话的统计数据

类别	ACM2278	CDE1846	CMP2946	MBG3183	PLJ1771
活动数	31 370	37 754	61 989	42 438	20 964
恶意活动数	22	134	242	4	18
会话数	316	374	627	679	770
恶意会话数	2	9	53	1	3

7.2　数据集构建

在内部威胁的数据研究中，除了要考虑数据生成的维度和策略，根据不同的研究目标和场景，还要考虑其采用的技术的差别。

7.2.1　真实数据采集

对研究者来说最有价值的数据是来自真实环境中表征内部人行为的数据。真实数据的采集往往需要结合特定情境以及相关领域的背景知识，且受各种因素的影响，真实数据的采集往往比较困难。

真实数据的获取需要考虑用户及企业的隐私保护、数据的获取方式等问题。涉及的相关技术有数据脱敏技术、匿名化技术、基于差分隐私的数据发布技术、爬虫技术、自然语言处理等。

1. 数据脱敏技术

机器学习和深度学习在各个领域被广泛应用，其中包括内部威胁的相关研究。这类研究的首要任务在于数据的收集。在数据的发布、存储、分析和使用的过程中，都有可能发生隐私泄露的风险。在对内部威胁相关数据集的研究中，我们主要关注数据集发布过程中的隐私保护问题。

数据脱敏是指对某些敏感信息通过一些脱敏规则如替换、失真等降低数据的敏感度，实现敏感隐私数据的可靠保护，并保留目标环境业务所需的数据特征或内容的数据处理过程。数据脱敏技术主要包括动态脱敏技术、静态脱敏技术、动态双因子可逆脱敏、隐私保护技术等。

(1) 动态脱敏技术

动态脱敏技术指对不同身份、不同权限的用户可配置实时数据脱敏规则，对敏感数据进行屏蔽、遮盖、变形处理，结合用户身份和权限将脱敏后的结果展示给用户，有效防止敏感数据泄露。当应用系统请求通过动态数据脱敏时，基于代理技术，实时筛选请求的 SQL 语句，依据用户角色、权限和其他脱敏规则屏蔽敏感数据，并且运用横向或纵向的安全等级，同时限制响应一个查询所返回的数据。

(2) 静态脱敏技术

静态脱敏技术,通常用于非生产环境,是指将敏感数据从生产环境抽取并脱敏后给到非生产环境使用,一般用于对非实时访问的数据进行数据脱敏,数据脱敏前统一设置好脱敏策略,并将脱敏结果导入到新的数据中,包括文件或者数据库中。静态脱敏直接通过屏蔽、变形、替换、随机、格式保留加密(Format-Preserving Encryption,FPE)和强加密算法〔如AES(Advanced Encryption Standard)算法〕等多种脱敏算法,针对不同数据类型进行数据掩码扰乱,并可将脱敏后的数据按用户需求,装载至不同环境中。

(3) 动态双因子可逆脱敏

很多业务场景需要脱敏后的数据具备可恢复能力,且脱敏后的数据需要满足一定的使用要求、格式要求、存储要求、性能要求等。动态双因子算法可以从根本上去除脱敏后的数据映射规律问题,让映射关系始终处于动态变化中,从而提供更为高效、安全的算法能力,同时结合格式保留技术,保证脱敏后的数据格式和数据长度不变,不破坏数据格式约束,从而降低改造数据格式的成本。与现有的基于对称脱敏体制的格式保留脱敏方案相比,基于格式保留的多因子技术脱敏方案,脱敏和还原双方不需要传递多个密钥,通过密钥派生函数来生成脱敏密钥和还原密钥,利用混合脱敏的方式提高了敏感信息传输的安全性。格式保留可逆脱敏基于数据不扩充,数据类型不改变,数据必须具备确定的保密性的原则,参考分组密码与密钥共享的思路,通过动态多因子的方式实现密钥分组,同时通过格式保留技术,保证了数据在脱敏后依然具有其原有格式要求,从而满足了脱敏数据的数据使用要求。

(4) 隐私保护技术

隐私保护技术作为一种新兴的信息安全技术,其特性是对外公开、自由访问,其核心是要保护隐私数据与个人之间的对应关系。通过切断攻击者到隐秘数据的道路(访问控制)或者使攻击者获得的数据变得不可用(加密技术)来实现,主要实现方式包括匿名化技术、假名化技术、去标识化技术等。匿名化技术通过抽象和压缩技术,以数据的可用性为代价,换取隐私信息的安全性,其过程是原本不同的属性值变成相同值。为达到匿名化的目的,本书特意整理了匿名化的相关技术,具体在下一节展开梳理。假名化技术通过用一个或多个人工标识符或假名来替换数据记录中的大多数标识字段来增强私密性。一个被替换字段的集合可以有一个假名,或者每个被替换字段都可以有一个假名。去标识化是指通过对个人信息的技术处理,使其在不借助额外信息的情况下,无法识别或者关联个人信息主体的过程。去标识化技术建立在个体基础之上,去除标识符与个人信息主体之间的关联性,保留了个体颗粒度的手段,采用假名、加密、哈希函数等技术。

表 7-5 给出了一些数据脱敏常用方法。在涉及客户安全数据或者一些商业性敏感数据的情况下,在不违反系统规则条件下,可以对真实数据进行改造并提供测试使用。在降低数据敏感程度的基础上,数据脱敏技术会最大限度地保持脱敏后数据的可用性,使脱敏后的数据依旧能够满足关联分析、机器学习、即时查询等需求。根据应用场景和实现机制,数据脱敏技术可分为静态数据脱敏和动态数据脱敏[16]。国内外有一些数据脱敏产品,如

Oracle 的 Data Masking 组件、IBM 的 InfoSphere OptIMData Privacy、网御星云的脱敏系统、比特信安的大数据脱敏系统等。

表 7-5 数据脱敏常用方法

方法	介绍
替代	有常数替代、查表替代、参数化替代等
取整	对数值或日期数据取整
量化	通过量化间距调整数据失真程度
数值变换	对数值和日期类型的源数据，通过随机函数进行可控的调整
屏蔽	屏蔽部分数据
截断	数据尾部截断
隐藏	对敏感数据的部分内容用掩饰符号进行统一替换
哈希	将数据映射为字符串
重排	某一列值进行重排
平均值	对数值型数据先计算均值，然后使脱敏后的值在均值附近随机分布
对称加密	密文格式与明文在逻辑规则上一致

2. 匿名化技术

除了数据脱敏技术，还可使用匿名化技术来对数据集进行隐私保护处理。匿名化技术是指根据特定算法对数据进行变换，在保证数据可用性的同时确保数据无法定位到个人且无法还原，从而达到保护个体隐私信息的目的。与数据脱敏技术相比，数据匿名化主张在不泄露用户隐私的前提下，对数据进行尽可能少的、不可逆的匿名化操作，减小攻击者获取用户敏感信息的概率，同时尽可能地保证数据的可用性和真实性。内部威胁研究中公开的很多数据集都采用匿名化技术来保证内部用户的隐私，如 TWOS 数据集等。近年来，数据匿名化技术得到业界广泛关注，并在数据交换、数据分析等环节初步应用。

(1) 匿名模型

为了避免受到隐私攻击，研究者们提出了隐私保护模型作为指导发布者进行数据发布的原则。在众多隐私保护模型中，比较典型和常用的有 k-匿名模型、l-多样性模型和 t-接近模型[17]，除此之外，还发展和衍生出了许多匿名模型。

k-匿名模型是 1998 年由 Samarati 和 Sweeney[18] 提出的，目前大多数匿名模型都是在该模型的基础上发展而来的。它要求对所发布的数据集中的任意一行记录，其所属的等价组中的记录数量不小于 k，即至少有 $k-1$ 条记录准标识列的属性值与该条记录相同，其目标是让企图识别数据身份的攻击者难以区分具有相同数值的 k 项记录。k-匿名模型通过参数 k 指定用户可承受的最大信息泄露风险。它虽然对数据进行匿名化操作，但是由于没有对敏感属性数据做任何的约束，导致数据容易遭受同质攻击和背景知识攻击。

l-多样性模型[19] 在 k-匿名模型的基础上进行了改进，针对 k-匿名模型中可能存在的敏感属性单一问题带来的攻击，它引出了敏感属性多样性的概念，对敏感属性的分布进行约束，要求每个等价类中至少有1个不同的敏感值。该模型增加了攻击者的攻击难度，可以有效抵御同质攻击和背景知识攻击，但如果等价类中的敏感值相似，可能会遭受近似攻击。

t-接近模型[20]在*l*-多样性模型的基础上进行了改进，增加了对敏感属性值分布的改善。如果等价类中敏感值的分布与整个数据集中敏感值的分布具有明显的差别，攻击者可以以一定的概率猜测目标用户的敏感属性值。*t*-接近模型规定任何一组等价类中的敏感值分布与该属性的全局分布差异不能超过预先设定的阈值，进一步提升了安全性。

除了上述三种经典的匿名模型外，还有(α,k)-匿名模型、(X,Y)-匿名模型、*p*-敏感*k*-匿名模型、*m*-invariance匿名模型等。不同模型抵御不同类型攻击的能力见表7-6。

表7-6 不同模型抵御不同类型攻击的能力

模型	抵御不同攻击的能力（静态攻击）				
	链接攻击	同质攻击	背景知识攻击	近似攻击	偏态攻击
k-匿名	√	×	×	×	×
l-多样性	√	√	√	×	×
t-接近	×	√	√	√	√
(α,k)-匿名	√	√	√	×	×
(X,Y)-匿名	√	√	√	×	×
p-敏感*k*-匿名	√	√	√	×	×
m-invariance匿名	√	√	√	×	×

(2) 匿名方法

匿名化技术除了需要各种匿名模型的理论作为指导，还需要具体的匿名化方法。常见的匿名方法有泛化、抑制、聚类、微聚集、分解、置换等[17]。

泛化和抑制是匿名处理中使用最早、最广泛的方法。泛化用更抽象、概括的值或区间代替精确值，准标识符属性值有数值型和分类型。数值数据泛化后，值被一个覆盖精确数值的区间代替，分类数据则泛化成更一般的值。

数据抑制又称隐匿，是指用最一般化的值取代原始属性值，在*k*-匿名化中，如果无法满足*k*-匿名要求，则一般采取抑制操作，被抑制的相应属性值用"**"表示，是最粗粒度的泛化。抑制一般不单独使用，通常作为辅助手段与泛化结合使用。当准标识符属性值差距较大，过度泛化会造成较大的信息损失时，可以先抑制一条或几条记录，再进行泛化处理。这样做虽然会使数据的真实性降低，但信息损失减小，可达到较好的匿名效果。

聚类是数据挖掘中广泛使用的一种数据分析方法，它按照给定的规则将数据集分成各类簇，尽量保证簇内对象相似，不同簇的对象相异。分类簇原则和*k*-匿名模型划分等价类的思想很接近，因此使用聚类方法解决匿名化问题也成为研究热点。基于聚类的*k*-匿名是将原始数据表划分成不同的至少包含*k*条记录的组，具有相似特征的记录在同一组，不同组中的记录差异大，再对每个组进行泛化操作，生成等价类，实现匿名化。

微聚集方法的基本思想是将相似的数据划分在同一个类中，每个类至少有*k*条记录，然后用类质心代替类中所有记录的准标识符属性值，实现数据的匿名化。等价类中准标识符属性的值同质性越大，信息损失就越小。

泛化和聚类方法在匿名化处理的过程中会改变原始数据，分解方法则不修改准标识符属性和敏感属性的值，而是采用有损连接的思想来减弱两者的关联，实现隐私保护。

置换方法与分解方法的思想类似，将数据表分组后，把每组内的敏感属性值随机交换，打乱顺序，再拆分数据表，对外发布。置换方法是对分解方法的一种改进，主要针对数值型的敏感属性值处理。

3. 基于差分隐私的数据发布技术

虽然已有的隐私保护方案层出不穷，但是它们有一个共同的缺点，即都依赖于攻击者的背景知识，没有对攻击模型做出合理的假设。2006 年，微软的 Dwork 等[21]提出了差分隐私的概念。差分隐私保护是对数据添加扰动保护的一种保护技术，它可以不考虑攻击者的背景知识，通过添加一定规律的噪声来保证数据集的统计特征不变，同时也对数据集进行了保护，方便研究者在对数据进行保护以后对数据进行一些挖掘、统计工作，不泄露用户的隐私。对数据集的隐私保护可采用基于差分隐私的数据发布技术。基于差分隐私的数据发布技术主要采用非交互式框架发布敏感数据的统计信息，并且使得发布的数据能够满足数据分析者的需求，常采用的发布技术有直方图、划分以及采样-过滤等。

在目前已知的内部威胁领域相关的数据集中，大部分数据集采用匿名化方法来保护用户隐私。结合差分隐私技术进行数据集的生成有待进一步的研究。

4. 爬虫技术

在真实的内部威胁数据的获取中，一方面，对一些方便监测的数据如网络流量、主机活动记录等可以直接通过监听或分析日志等方式获取。另一方面，对一些涉及内部人员主观因素的数据，如网页浏览记录等可能需要利用爬虫技术抓取相关的数据，并通过后续的自然语言处理技术等对爬取到的数据进行处理从而生成可用的数据集。

Kandias 等[22]通过爬虫技术抓取了 Twitter 用户的状态数据以检测具有自恋人格的用户。他们从 Twitter 上爬取用户的昵称、ID、自我介绍、关注的用户数以及被关注的次数等信息，绘制出 Twitter 中用户的社交网络。文献[23]从 YouTube 上抓取了用户对视频的评论，从用户的评论、用户所观看的视频列表以及视频文件本身的类别特征判断出了用户对政府等执法部门的态度。

5. 自然语言处理

自然语言处理(Natural Language Processing，NLP)是计算机科学、信息工程和人工智能的子领域，涉及计算机与人类(自然)语言之间的交互，特别是如何对计算机进行编程以处理和分析大量自然语言数据。自然语言处理中的挑战通常涉及语音识别、自然语言理解和自然语言生成。

很多内部威胁的相关研究涉及对内部人员的心理特征和社会关系的建模，研究者们通过对内部人员的邮件往来、上网浏览记录等信息进行提取和分析，生成可用于内部威胁研究的相关数据集[24]。这种数据的提取和分析需要自然语言处理技术和数据挖掘技术的支持。

对研究人员来说，所采集的内部人员的数据，根据其格式的不同可划分为结构化数据和非结构化数据。一些结构化数据，如系统命令记录、主机活动记录等，可以较容易地生成，而对于非结构化数据，如用户的上网行为记录、用户的心理调查等信息，可以通过NLP技术对其进行处理，提取出其中的关键知识、逻辑关系等信息并转化为结构化数据，从而用于生成威胁情报相关的数据集。

按照语言的特点，NLP技术可被划分为三个层次，分别是词法、句法、语义。词汇是语言的最小单元，被视为NLP技术的底层，也是其余NLP技术的基础，词法技术的核心任务是识别和区分文本中的单词，以及对词语进行一些预处理。句法技术的主要任务是识别出句子所包含的句法成分以及这些成分之间的关系，一般以句法树来表示句法分析的结果。语义理解是NLP技术的终极目标，各种NLP技术都采用不同的方式为该目的服务。在内部威胁数据集的构建中可能用到的NLP中的关键技术有特征工程、命名实体识别、文本挖掘等。

计算机在对文本数据进行处理时，需要将文本序列转化为由数值构成的数据，这一把文本变为特征数据的过程称为特征工程。命名实体识别的目的是识别出文本当中的特定实体，进而将其中的关键信息抽取出来，从而将非结构化的文本数据转换为结构化的可机读数据，为各类自动化任务提供数据支撑，其方法主要有基于规则和字典的识别、基于统计的识别和基于深度学习的识别[25]等。文本挖掘的目的是通过对文本数据进行挖掘，获取其中关键的知识和信息，涉及文本聚类、分类、信息抽取、摘要、情感分析等。

Bushra等[26]对用户的网络浏览行为进行侧写，建立网络浏览行为与人格特征变化之间的关联，从而检测出了潜在的内部威胁。该研究中的数据集是通过提取1 000个随机选取的网站中的上下文信息生成的，其中，这些网站按照开放式目录被划分成15个种类，包括成人、艺术、商业、计算机等。

在使用NLP技术生成数据集前还需考虑中英文环境的不同，二者在自然语言处理中的核心流程存在差别。英文语料处理主要包括六个核心步骤，分别是分词、词干提取、词形还原、词性标注、命名实体识别和分块。中文语料处理主要包括四个核心步骤，分别是分词、词性标注、命名实体识别和去除停用词。值得注意的是，目前内部威胁研究所熟知的相关数据集基本都是英文数据集，国内该领域的相关研究还比较落后。

除了上述的这些技术外，还有很多热门技术可用于内部威胁数据集的采集和生成过程，如机器学习、深度学习等，但相关研究比较少，其实际效果有待进一步研究。

7.2.2 模拟/合成数据集生成方法

与真实数据集的生成方法不同，模拟/合成数据的获取需要重点考虑对真实环境的模拟方法、数据的合成方法以及相关数据的处理方法等。

1. 模拟方法

在内部威胁相关的研究中，目前已知的数据生成模拟方法多为game-based方法。国外有很多相关研究通过设计不同场景下的实验来模拟真实环境，并从中采集相关数据。

Brdiczka 等[27]通过收集《魔兽世界》游戏中的数据来进行内部威胁检测，其中将游戏中决定退出公会的玩家标注为恶意数据。因此，这种恶意用户大多与内部威胁攻击类型中的叛变者类似。该研究者旨在分析其中的社交网络数据、心理剖析数据和行为数据。Taylor 等[28]实施了一个包含 4 个阶段、涉及 54 个人的有组织犯罪调查游戏，该游戏持续 6 个小时。参与者以 4 个人为一个小组，每个小组都可以访问不同的数据库信息。在游戏的各个阶段，小组成员被要求从其他用户的数据库中获取数据以获得相应的回报，通过这一行为来模仿内部威胁恶意攻击中的叛变者行为。Ho 等[29]组织了一个名为 Collabo 的多人游戏，由 27 名参与者组成 6 个团队，该游戏持续 5 天。该游戏的作者旨在从内部人员的聊天信息中寻找行动线索，目的是检测叛徒的行为变化。TWOS[5]数据集也采用 game-based 方法生成，游戏涉及 24 名成员，这些成员组成了 6 支队伍，进行了为期一周的比赛。其中伪装者的会话由临时的恶意用户生成，这些用户偶尔会收到其他受害者的用户凭证，并可以在 90 分钟内控制受害者的机器。

模拟方法采用的手段多种多样，大部分是模拟真实的环境。虽然生成的数据可以更接近真实环境中的数据，但该类方法往往需要花费较大的代价，其困难程度随着人员、设备的增加而不断提高。

2. 合成方法

为了解决数据集生成可能存在的隐私泄露等问题，一些研究选择通过数据合成技术直接生成所需的数据，而不需要模拟一些模型或实体。按照数据集中合成数据所占的比例，合成数据可被分为两类，完全合成和部分合成。完全合成是指此类数据不包含任何原始数据，所有数据完全由计算机生成，但该过程很复杂，没有在工业界得到大面积应用。部分合成是使用原始数据的样本，仅将敏感数据替换为合成数据，这需要在很大程度上依赖归纳模型。

目前常用的数据合成方法主要有两种，分别是基于分布的合成方法和基于深度学习的合成方法。

基于分布的合成方法是指观察实际的统计分布并重新产生假数据。对于不存在真实数据但分析人员对数据集分布的特点有全面了解的情况，分析人员可以生成任意分布的随机样本，如正态分布、指数分布、卡方分布、均匀分布等，甚至可以使用随机分布。在这种情况下，合成数据的效用因分析师对特定数据环境相关的背景知识了解的程度而有所差别。

对于存在真实数据的情况，研究者可通过研究给定真实数据的最佳拟合分布来生成合成数据。如果研究者希望将真实数据拟合到已知的分布中，并且知道分布参数，那么研究者可以使用蒙特卡罗方法[30]来生成合成数据。这种场景下，合成数据的质量主要取决于所拟合的分布模型的质量。虽然蒙特卡罗方法可以帮助研究者找到现有的最佳匹配度，但对于实际应用场景中的合成数据需求来说，最佳匹配度下合成的数据可能并不合适。对于这些情况，研究者可以考虑使用机器学习模型来拟合分布。决策树等机器学习模型允许企业对非经典分布进行建模，这些分布可以是多模型融合的，它不包含已知分布的通用特征。通过使用机器学习的方法拟合分布，研究者可以生成与原始数据高度相关的合成数据。然而，机器学习模型存在过拟合的风险，可能导致无法有效地合成所需数据。

对于只有部分真实数据存在的情况，研究者也可以使用混合方法合成数据。在这种情况下，分析师根据理论分布生成数据集的一部分，并根据实际数据生成其他部分。通过这种方式生成的数据集可能更能满足实际应用场景的需求。

在基于深度学习的合成方法中可采用变分自编码器（Variational Autoencoder，VAE）和生成对抗网络（Generative Adversarial Network，GAN）等深层生成模型来生成综合数据。

VAE 是一种无监督的方法，编码器将原始数据压缩成更紧凑的结构，并将数据传输给解码器，然后解码器生成一个输出，这个输出是原始数据集的另外一种表示形式。该方法通过优化输入输出数据之间的关系来训练系统，如图 7-2 所示。

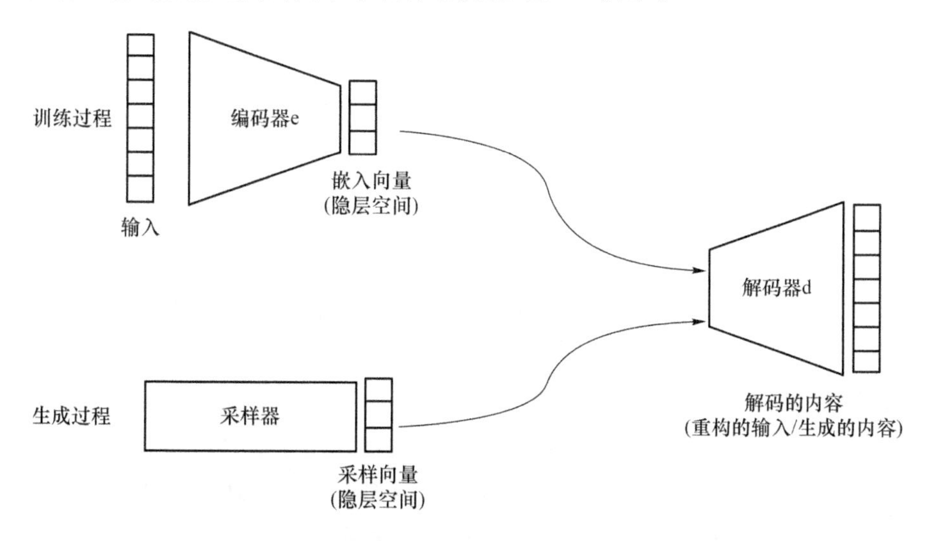

图 7-2　VAE 原理图

在 GAN 模型中，通过生成器和鉴别器来迭代训练模型。生成器获取随机样本数据并生成一个合成数据集。鉴别器根据之前设置的条件将合成的数据与实际数据集进行比较，如图 7-3 所示。

一些公司开发出了相关的数据合成工具，如 CA Technologies Datamaker、Dynamic Data Generator 等，部分产品如表 7-7 所示。

表 7-7　数据合成工具

工具名称	公司或组织
CA Technologies Datamaker	CA Technologies
Dynamic Data Generator	ExactData
BizDataX	Ekobit
Simerse	USC
Statice	Statice

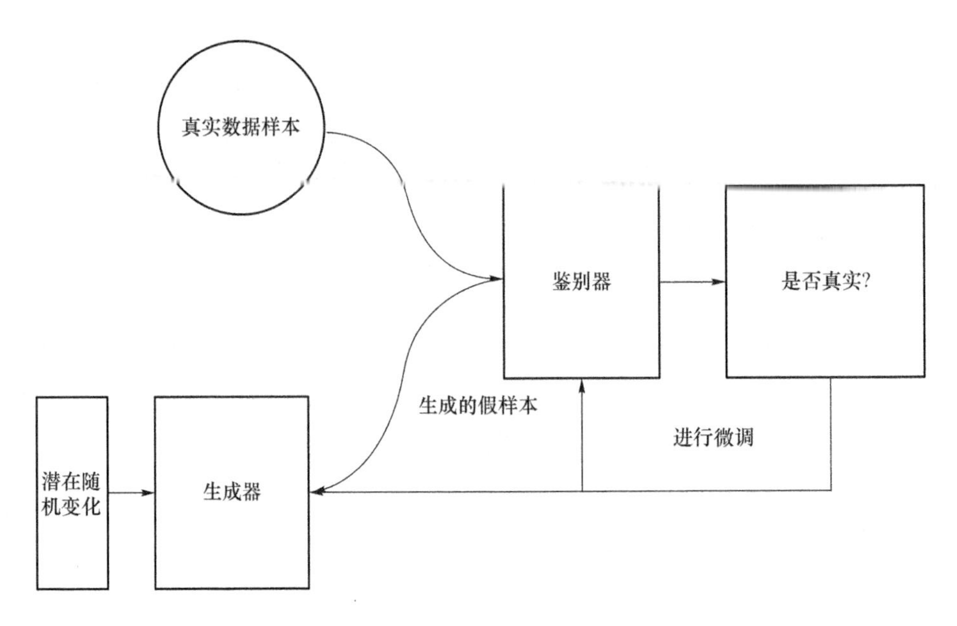

图 7-3 GAN 原理图

经典的内部威胁数据集 CERT[6]就是采用数据合成技术生成的。CERT 数据集的构建采用基于实体建模的合成方法,分别对用户的关系、资产、用户行为、用户交流、话题、心理、威胁场景等进行模型的分析与构建,借助 ExactData 公司的 Dynamic Data Generator 工具生成相关数据。

3. 其他处理技术

模拟数据或合成数据的生成也可能涉及自然语言处理和数据挖掘等技术。如在模拟真实环境的实验中收集内部人员的上网行为以对内部人员的心理状态进行刻画等可能需要 NLP 或数据挖掘等技术的支持。除此之外,还可采用机器学习或深度学习技术改进数据的信息提取或关联分析,采用大数据及分布式技术等加速数据集的生成过程等。

7.3 总结与展望

虽然安全领域关于内部威胁数据集的研究有较长的历史,但目前公开的比较优秀的专用于内部威胁相关研究的数据集很少。大部分研究都是基于可获得的公开数据集,包括一些不是专门用于内部威胁检测的数据集,如主要用于入侵检测研究的数据集 KDD99[31]等,且大部分数据集的生成时间较久,在一定程度上已经不适用于当下的内部威胁环境。就国内外的研究而言,大部分的相关研究以及几乎所有的相关数据集都来自国外,国内该领域的研究成果很少。从技术的角度来看,随着机器学习、深度学习、大数据、差分隐私等技术的不断发展,数据合成技术越来越完善。在很多情况下,创建合成数据要比收集真实数据的效率更高,并更有成本效益。

(1) 数据合成技术

一些要求大量数据集的领域如机器学习、计算机视觉等已经有很多的研究采用数据合成技术，并在实际应用场景中落地，取得了不错的效果。例如微软曾发布相关研究，通过运用200万个合成语句来改进黎巴嫩阿拉伯语方言翻译的结果。Alphabet运用数据合成技术使自动驾驶系统在模拟街道上行驶了数十亿英里（1英里＝1.609千米）。由于内部威胁研究领域的特殊性，与采用真实或模拟的数据相比，合成数据的应用有明显的优势。

（2）隐私保护技术

近年来隐私泄露事件频发。以联邦学习、安全多方计算、机密计算、差分隐私、同态加密为代表的隐私保护技术成为研究热点，并在金融、政务、医疗等领域落地实践。在数据生成领域，除了采用一些传统的隐私保护方法，一些研究将差分隐私等技术应用于数据集的脱敏。例如张煜[32]等基于生成对抗网络和差分隐私提出一种文本序列数据集脱敏模型，通过生成对抗网络自动提取数据集的重要特征并生成与原数据分布接近的新数据集。

（3）中文数据集

现有的内部威胁领域可用的公开数据集基本都是国外公开数据集，考虑国内外的环境不同，部分研究方向可能不适用于国内的内部威胁环境。因此，可以考虑对内部威胁数据集的本土化研究。

（4）云计算

除了企业基础设施安全外，越来越多的企业和组织选择将部分业务迁移到云端环境。与本地环境相比，云计算模式的引入带来了很多新的安全问题和挑战[33]，如云恶意管理员、云端复杂的接口访问等。面对新环境下的内部威胁，如何构建新的内部威胁模型，生成用于云计算环境下的内部威胁数据集有待进一步研究。

参考文献

[1] HOMOLIAK I，TOFFALINI F，GUARNIZO J，et al. Insight into insiders and it：A survey of insider threat taxonomies，analysis，modeling，and countermeasures [J]. ACM Computing Surveys (CSUR)，2019，52(2)：1-40.

[2] CALO Project. Enron Email Dataset [EB/OL]. [2023-03-21]. http://www.cs.cmu.edu/～enron/.

[3] BERK V H，GREGORIO-DE SOUZA I，MURPHY J P. Generating realistic environments for cyber operations development，testing，and training[J]//Sensors，and Command，Control，Communications，and Intelligence (C3I) Technologies for Homeland Security and Homeland Defense XI. SPIE，2012，8359：51-59.

[4] SALEM M B，STOLFO S J. Masquerade attack detection using a search-behavior modeling approach [R]. Columbia University，Computer Science Department，Technical Report CUCS-027-09，2009.

[5] HARILAL A，TOFFALINI F，CASTELLANOS J，et al. Twos：A dataset of malicious insider threat behavior based on a gamified competition[C]//Proceedings

of the 2017 International Workshop on Managing Insider Security Threats. Dallas, TX, USA:ACM, 2017: 45-56.

[6] GLASSER J, LINDAUER B. Bridging the gap: A pragmatic approach to generating insider threat data[C]//2013 IEEE Security and Privacy Workshops. San Francisco, California, USA: IEEE, 2013: 98-104.

[7] CAMINA J B, MONROY R, TREJO L A, et al. Temporal and spatial locality: an abstraction for masquerade detection [J]. IEEE transactions on information Forensics and Security, 2016, 11(9): 2036-2051.

[8] LIPPMANN R P, FRIED D J, GRAF I, et al. Evaluating intrusion detection systems: The 1998 DARPA off-line intrusion detection evaluation[C]//Proceedings DARPA Information Survivability Conference and Exposition. DISCEX'00. South Carolina, USA: IEEE, 2000, 2: 12-26.

[9] SANTOS JR E, NGUYEN H, YU F, et al. Intent-driven insider threat detection in intelligence analyses[C]//2008 IEEE/WIC/ACM International Conference on Web Intelligence and Intelligent Agent Technology. Sydney, NSW, Australia: IEEE, 2008, 2: 345-349.

[10] SCHONLAU M, DUMOUCHEL W, JU W H, et al. Computer intrusion: Detecting masquerades[J]. Statistical science, 2001: 58-74.

[11] GREENBERG S. Using Unix: Collected traces of 168 users[R]. 1988: 1-13.

[12] LANE T, BRODLEY C E. An application of machine learning to anomaly detection [C]//Proceedings of the 20th national information systems security conference. Baltimore, USA:NISSC, 1997, 377: 366-380.

[13] LINTON F, JOY D, SCHAEFER H P, et al. OWL: A recommender system for organization-wide learning[J]. Educational Technology & Society, 2000, 3(1): 62-76.

[14] FÜLÖP, Á, KOVÁCS, L, KURICS, T, Windhager-Pokol, E. Balabit Mouse Dynamics Challenge data set [EB/OL]. [2023-03-25]. https://github.com/balabit/Mouse-Dynamics-Challenge.

[15] CHEOIN-GU Y. Scenario-based Log Dataset for Combating the Insider Threat[J]. International Journal of Control and Automation, 2018, 11(1): 1-12.

[16] RAVIKUMAR G K, MANJUNATH T N, HEGADI R S, et al. A survey on recent trends, process and development in data masking for testing [J]. International Journal of Computer Science Issues (IJCSI), 2011, 8(2): 535.

[17] 刘湘雯，王良民. 数据发布匿名技术进展[J]. 江苏大学学报：自然科学版，2016, 37(5): 562-571.

[18] SWEENEY L. k-anonymity: A model for protecting privacy[J]. International

journal of uncertainty, fuzziness and knowledge-based systems, 2002, 10(5): 557-570.

[19] MACHANAVAJJHALA A, KIFER D, GEHRKE J, et al. L-diversity: Privacy beyond k-anonymity[J]. ACM Transactions on Knowledge Discovery from Data (TKDD), 2007, 1(1): 3-es.

[20] LI N, LI T, VENKATASUBRAMANIAN S. Closeness: A new privacy measure for data publishing[J]. IEEE Transactions on Knowledge and Data Engineering, 2009, 22(7): 943-956.

[21] DWORK C. Differential privacy: A survey of results[C]//Theory and Applications of Models of Computation: 5th International Conference, TAMC 2008, Xi'an, China, April 25-29, 2008. Proceedings 5. Springer, Berlin Heidelberg: Springer, 2008: 1-19.

[22] KANDIAS M, GALBOGINI K, MITROU L, et al. Insiders trapped in the mirror reveal themselves in social media [C]//Network and System Security: 7th International Conference, NSS 2013, Madrid, Spain, June 3-4, 2013. Proceedings 7. Springer Berlin Heidelberg, 2013: 220-235.

[23] KANDIAS M, STAVROU V, BOZOVIC N, et al. Can we trust this user? Predicting insider's attitude via YouTube usage profiling[C]//2013 IEEE 10th International Conference on Ubiquitous Intelligence and Computing and 2013 IEEE 10th International Conference on Autonomic and Trusted Computing. Vietri sul Mare, Italy: IEEE, 2013: 347-354.

[24] BROWN C R, WATKINS A, GREITZER F L. Predicting insider threat risks through linguistic analysis of electronic communication[C]//2013 46th Hawaii International Conference on System Sciences. Wailea, HI, USA: IEEE, 2013: 1849-1858.

[25] 陈曙东，欧阳小叶. 命名实体识别技术综述[J]. 无线电通信技术，2020，46(3): 251-260.

[26] BUSHRA A A, PHILIP A L, JASON R C N. Using internet activity profiling for insider-threat detection[C]//Special Session on Security in Information Systems. SciTePress, 2015, 2: 709-720.

[27] BRDICZKA O, LIU J, PRICE B, et al. Proactive insider threat detection through graph learning and psychological context[C]//2012 IEEE Symposium on Security and Privacy Workshops. San Francisco, California, USA: IEEE, 2012: 142-149.

[28] TAYLOR P J, DANDO C J, ORMEROD T C, et al. Detecting insider threats through language change[J]. Law and human behavior, 2013, 37(4): 267.

[29] HO S M, HANCOCK J T, BOOTH C, et al. Demystifying insider threat:

Language-action cues in group dynamics[C]//2016 49th Hawaii International Conference on System Sciences (HICSS). Koloa, HI, USA: IEEE, 2016: 2729-2738.

[30] KROESE D P, BRERETON T, TAIMRE T, et al. Why the Monte Carlo method is so important today[J]. Wiley Interdisciplinary Reviews: Computational Statistics, 2014, 6(6): 386-392.

[31] PARVEEN P. Evolving insider threat detection using stream analytics and big data[M]. Dallas: The University of Texas, 2013.

[32] 张煜，吕锡香，邹宇聪，等. 基于生成对抗网络的文本序列数据集脱敏[J]. 网络与信息安全学报，2020，6(4)：109-119.

[33] 王国峰，刘川意，潘鹤中，等. 云计算模式内部威胁综述[J]. 计算机学报，2017，40(2)：296-316.

第8章　内部威胁典型案例

本章主要根据具有威胁的内部人员的分类，分别针对国内外的经典案例进行分析并给出相应的防御方案。

8.1　粗心的员工

粗心的员工：挪用资源，违反可接受的使用政策，错误处理数据，安装未经授权的应用程序和使用未经批准的变通办法的员工或合作伙伴；与恶意行为相比，他们的行为是不恰当的，其中许多行为属于影子信息技术领域（信息技术知识和管理之外）。下面通过几个案例来了解一下，粗心的员工作为公司潜在的内部威胁到底会给公司带来怎样严重的后果，以及我们应该如何进行防护。

8.1.1　案例分析

案例1　Twitter账户泄露[1]

(1) 案例描述

2020年7月，黑客获得了130个私人和公司的Twitter账号的访问权限，每个账号至少有100万关注者。被黑客入侵的账号列表包括巴拉克·奥巴马(Barack Obama)、埃隆·马斯克(Elon Musk)、比尔·盖茨(Bill Gates)、杰夫·贝佐斯(Jeff Bezos)、迈克尔·彭博(Michael Bloomberg)、苹果(Apple)、优步(Uber)以及其他知名个人和公司。他们使用其中的45个账号来推广比特币骗局。这些美国最重磅的政商巨头官方认证的推特账号发布了以下散发着诈骗气息的推文。

“所有打入我比特币账户的汇款，我都会双倍返还。”

“你汇给我1 000美元，我就汇给你2 000美元，仅限接下来半小时内。”

在这些政商巨头的官方认证账号向百万粉丝发出了以上消息后，哪怕推文看起来如同诈骗信息一样，但是其粉丝还是选择相信推特官方认证账号的权威性，支付了加密货币。因为在用户的常识中，推特官方会把这些政商巨头的账户保护得滴水不漏，如此大规模的名人账户短时间内集体被攻陷，实在超越了大部分人的想象力。Twitter为此直接禁用了几乎所有认证账号的部分功能，如发推和修改密码。在被封堵后，黑客又转向了普通账号。直到当天晚上8点多，大部分Twitter账号才恢复发推功能。事后，Twitter公司停止了其新API的发布以更新安全协议，并对员工进行了社会工程学的教育。

(2) 攻击流程

在本次黑客入侵中,被入侵的账号都经过真实认证,是 Twitter 上保护得最严密的一批账号,登录需双层验证。而黑客似乎可以肆意控制这一系列账号,说明其并不是撞库攻破了密码。一种可能的途径是,黑客先拿到了 Twitter 员工具有管理权限的账号,然后就能在任意账号上直接发推。Twitter 官方称:“我们发现了社会工程学攻击,员工成为这一系列鱼叉式网络钓鱼攻击的受害者。”黑客先收集了有关在家工作的公司员工的信息,冒充 Twitter IT 管理员的身份与他们联系,并要求其提供用户凭据,黑客成功拿到员工访问内部系统和工具的权限后,使用这些受感染的账户和管理员工具,重置著名的 Twitter 用户的账户,更改其凭据并发布推文,利用这些账户的威望进行诈骗。

(3) 危害和损失

据统计,Twitter 用户向黑客账户转移了至少相当于 180 000 美元的比特币。加密货币交易平台 Coinbase 阻止了另外 280 000 美元的转账。该事件发生后,Twitter 的股价下跌了 4%,约 10 亿美元。

(4) 威胁分析

为什么 Twitter 员工的账号沦陷,最终演变成所有账号被攻破的灾难?根据 Twitter 公司事后对员工进行社会工程学教育的举措不难看出,最主要的原因是公司对可能面临的内部威胁未做到完全防备。第一,Twitter 对员工没有进行关于内部威胁的全面的教育。第二,Twitter 并未对内部人员行为进行检测。如果 Twitter 注意到内部人员以及管理工具中的可疑活动,利用用户和实体行为分析以及特权访问管理解决方案本可以帮助公司面对这次内部威胁造成的黑客入侵,从而保护对管理工具的访问,并迅速检测未经授权的活动。第三,Twitter 没有做好员工管理权限的分割。如果权限分割做得非常细,便能在一定程度上降低这个问题发生的概率,但这不完全是员工账号权限的问题。因为科技公司内必然有一部分人能接触到系统底层架构,比如运维人员、开发人员,这些人都可能成为内部威胁的一分子。

案例 2　Anthem 医疗信息泄露[2]

(1) 案例描述

2015 年年初,美国第二大医疗保险公司 Anthem 表示被黑客入侵并盗走 8 000 万人的个人信息,包括当前和以前的保险客户信息和员工信息。Anthem 无人能够幸免,就连其 CEO 约瑟夫·斯韦德什(Joseph Swedish)的个人信息也被黑客获取。被盗的记录主要包含医疗身份证、社会保险号、地址、工作经历、收入数据、电子邮件地址和就业信息等。黑客获取私密信息后,将其在暗网出售,以获取报酬。一个月后,Anthem 的数据库管理员发现此漏洞,并注意到使用其凭据运行的可疑数据库查询。Anthem 马上启动应急响应(Incident Response,IR)计划,Anthem 安全团队在数据泄露事件发生后,立即告知最高管理层,并马上采取影响评估和补救措施以阻止威胁扩大。另外,Anthem 及时与执法人员、监管人员和公众进行了沟通。整个 IR 计划非常及时有效,在该事件发生的三天内,彻底从公司网络内清除了攻击者的驻留程序。

(2) 攻击流程

黑客在2015年1月30日实施了最终的恶意网络入侵。根据调查确定，网络攻击最早可追溯至2014年2月18日，黑客通过一封钓鱼邮件入侵并控制了Anthem员工电脑系统。通过远程控制和提权操作，黑客进一步渗透了Anthem的网络环境，通过利用至少50名Anthem员工账户和90台电脑系统，最终成功入侵并控制了Anthem存储个人用户信息(PII)的数据库并窃取了8 000万人的个人隐私数据。在此期间黑客拥有一个多月的管理访问权限。

(3) 危害和损失

Anthem已经为此次数据泄露付出了沉重的成本代价。2017年，Anthem同意支付1.15亿美元以解决受数据泄露影响的客户的集体诉讼，并且支付了超过2.6亿美元用于补救和善后，其中包括聘请专家顾问、进行安全设备改进、受影响机构和个人的初期通报等费用。同时，该公司必须向政府支付1 600万美元的罚款，此次罚款数额创下了历史新高，此次事件也是目前美国历史上最大的医疗保健数据泄露事件。

(4) 威胁分析

虽然Anthem做了很好的应急响应，但是，黑客还是窃取了庞大的私密信息。黑客得以进入系统的关键点在于，Anthem并未设置额外的认证机制，仅凭一个登录口令或一个密钥(Key)就能够以管理员权限访问整个数据库。因此，Anthem最主要的安全失误不是缺少数据加密，而是不正确的访问控制以及缺乏对员工账户的行为审计。访问控制的懈怠作为企业普遍存在的问题，不仅会增加外部钓鱼攻击的风险，同样也是严重的内部威胁，具有权限的员工用户犯下一些简单的错误就会引起很大的风险。行为审计方案也可以很好地发现员工或账户异常行为，从而及时发现入侵行为。

(5) 预防方案

Anthem目前已经在所有的远程访问系统中实施了双因素认证措施，并部署了“特权账户管理”和行为审计方案。而且，Anthem还重置了所有特权账户密码，暂停了所有未采取双因素认证的远程访问行为和相关账号，创建了新的网络管理员；之后，Anthem还将构建关键数据库的安全监控和审计技术。

案例3 Microsoft数据库泄露[3]

(1) 案例描述

2019年12月底，一名安全研究人员发现了一个可公开访问的Microsoft客户支持数据库，该数据库包含14年中累积的2.5亿个客户服务记录。该数据库包括支持案例和详细信息，客户的电子邮件和IP地址，客户的地理位置以及Microsoft支持代理所做的注释。该数据库可公开访问大约一个月。Microsoft于2019年12月31日修复了配置，以限制数据库，并防止未经授权的访问。”

(2) 攻击流程

2019年12月开始，Microsoft部署了新版本的Azure安全规则。Microsoft员工错误配置了这些规则，并导致了意外泄露。对数据库的访问不受密码或双因素身份验证的保护。

(3) 危害和损失

由于泄露的数据不包含个人身份信息，并且公司紧急密封了漏洞并通知了受影响的用户，因此 Microsoft 没有受到任何罚款。但是，Microsoft 很幸运，在《加利福尼亚消费者隐私法案》生效前发现了内部人员造成的数据泄露。该法案于 2020 年 1 月 3 日生效，根据新法规，Microsoft 可能会被罚款数百万美元。虽然此次泄露事件，Microsoft 看起来没有受到实质性损害，但是如果诈骗者在问题得到解决之前已经获得了数据，那么他们就可以利用这些数据来利用或冒充真正的 Microsoft 员工实施诈骗。

8.1.2 解决方案

通过了解这些案例以及其造成的严重后果，我们可以认识到员工的疏忽已经成为各行各业潜在的内部威胁。由于员工经常会犯一些错误，例如与网络钓鱼电子邮件进行交互，其中的一些错误可能会导致数据泄露。所以最好的选择是迅速发现错误并尽快进行纠正。通常，员工本身并不会意识到自己犯了错误。在这种情况下，传统的内部威胁检测技术是有效的。防止意外的内部威胁的主要方法如下。

(1) 检测网络钓鱼

黑客使用网络钓鱼电子邮件使恶意软件感染计算机，从而他们可以轻松访问用户的基础架构和敏感数据。此类攻击通常将电子邮件与社会工程学一起使用，以欺骗员工向犯罪者透露其凭据。通过设置垃圾邮件过滤器并使组织的所有软件保持最新，可以最大限度地降低此类事件成功的可能性。

(2) 制定强有力的网络安全政策

强制执行网络安全策略，确保员工遵循一组正式的规则。颁布、实施书面的安全政策可以减少由于误解而导致的错误，并提高已经实施的安全控制的有效性。

(3) 教育员工

确保员工了解适当的网络安全程序的重要性。通过教他们为什么必须遵守所有网络安全规则，公司可以将员工转变为资产，以争夺数据安全。员工对网络具有全面的安全意识不仅可以减少错误，而且可以帮助公司更快地检测到恶意和无意的安全问题。

(4) 监视用户行为

用户行为监视是检测公司内部威胁的最佳方法。行为监视解决方案可以发现异常活动并立即警告安全人员，减少发觉的时间，将公司损失降到最低。用户行为记录还可以用于调查事件，并清楚地表明安全漏洞是由恶意的还是无意的操作引起的。

8.2 内部代理

内部代理：内部人员被外部方招募、索取或贿赂以泄露数据或商业机密。下面通过几个案例来了解一下，叛变的员工如何盗窃数据，给公司带来怎样巨大的损失以及我们应该如何进行防范。

8.2.1 案例分析

案例 1 Waymo 核心技术被盗[4]

(1) 案例描述

作为无人驾驶先驱的“天才少年”,Levandowski 曾受聘于 Waymo 的前身,谷歌(Google)自动驾驶汽车研发部门。在那里,他参与研发了奠定整个智能汽车产业基础的 lydar 镜头。2016 年 5 月,Levandowski 离开谷歌,创立了 Otto Motors。数周后,Uber 收购了 Otto。随后一份 Otto 递交给内华达政府的文件曝光,该文件显示 Otto 已掌握“64 线激光雷达系统”的制造技术,这项技术与 Waymo 的技术高度吻合。Waymo 于 2017 年 2 月以涉嫌盗窃商业机密为由正式起诉 Uber 和 Levandowski。

2018 年 2 月,Waymo 与 Uber 达成和解。Uber 现任首席执行官 Dara Khosrowshahi 公开道歉并辞职,承诺此后将以诚信为先。在和解协议中,Uber 给了 Waymo 0.34%的股份(价值 2.45 亿美元)。2019 年,Levandowski 因涉嫌盗窃无人驾驶汽车商业机密而被起诉,面临 33 项联邦指控。2020 年 8 月,Levandowski 承认在离开 Waymo 之前非法下载了数千个文件,对 33 项指控之一认罪,并被判处 18 个月监禁。2021 年 1 月 19 日,美国时任总统特朗普在白宫的最后一个晚上,宣布赦免谷歌前工程师 Levandowski。

(2) 攻击流程

Levandowski 在离开谷歌前,从谷歌下载了约 10 TB 的机密文件,其中很大一部分都是关于激光雷达技术的。

(3) 危害和损失

谷歌泄露了约 10 TB 的机密文件,其对手公司获得其核心技术并成功制造“64 线激光雷达系统”。

案例 2 前员工涉嫌侵犯商业秘密罪[5]

(1) 案例描述

2020 年 11 月,家电行业的“老牌劲旅”格兰仕集团(简称“格兰仕”)向广州知识产权法院提起了民事诉讼,状诉同城企业“新宝股份”、“新宝股份”的关联企业“东菱威力”、“美格”及相关法定代表人等涉嫌非法获取、使用格兰仕磁控管产品商业机密。

此案背后还有一起关于格兰仕前员工涉嫌侵犯商业秘密的案件。前格兰仕核心技术人员刘某,涉嫌偷盗磁控管核心技术。刘某曾任格兰仕的磁控管制造部综合管理科副科长兼技术工艺组组长,参与了格兰仕磁控管技术的核心研发。刘某入职格兰仕 17 年间,掌握了格兰仕磁控管产品的生产、加工、工装等整体流程技术信息,对磁控管项目设计的全过程进行了控制。磁控管是微波炉的“心脏”,磁控管及其相关技术占据微波炉企业研发的重要地位。格兰仕于 2020 年 7 月以刘某等人涉嫌侵犯商业秘密罪为由向广东省佛山市顺德公安机关报案。2020 年 10 月,刘某到广东省中山市公安局投案自首。

(2) 攻击流程

格兰仕内部人士表示，2017 年，刘某辞职，格兰仕磁控管业务线的其他几位核心技术人员也陆续离职，这引起了格兰仕的警惕。此后，格兰仕通过对公司内部邮件的调查，发现刘某在 2016 年仍于广东格兰仕微波炉电器制造有限公司（简称“格兰仕微波炉公司”）任职期间，就通过电子邮件向中山东菱威力电器有限公司（简称“东菱威力”）发送涉及格兰仕机密的成本、技术信息，同时接受了东菱威力的聘任合同，被聘用为东菱威力技术负责人。调查发现，刘某离职后，利用第三人于 2017 年年初注册了中山市美格电子科技有限公司（简称“美格公司”），该公司由东菱威力 100％控股，美格公司大量生产使用了格兰仕商业秘密的磁控管产品，并全部供应给东菱威力。

(3) 危害和损失

格兰仕官方经初步估算，因“新宝股份”与其关联公司“东菱威力”“美格公司”从产品技术、生产设备、工装夹具到生产工艺，全套复制、非法使用格兰仕全套技术，此次侵权规模超过一亿元。

8.2.2 解决方案

内部代理往往是具有特权的内部人员，因为与公司内其他任何人相比，特权用户具有更高的访问权限，并且有更多的机会泄露数据、滥用数据或窃取敏感信息。预防内部代理的有效方案如下。

(1) 限制特权账户数

用户访问敏感数据的次数越少，越容易保护公司免受内部攻击。因此，应该使用最小特权原则来限制授予的特权数量，从而为账户提供执行日常任务所需的最低访问权限级别。

(2) 监控用户动作

清楚地了解到特权用户对公司敏感数据的处理方式是必须采取的措施。使用用户行为监控软件提供有关用户活动的完整记录，可以使公司准确了解正在发生的事情，并在检测到可疑活动时立即采取行动。

(3) 控制对敏感数据的访问

确保仅向经过验证的账户授予对敏感数据和资源的访问权限。考虑实施即时特权访问管理，以最大限度地减少恶意内部人员泄露敏感数据的机会。进行定期的用户访问权限检查，以重新评估用户角色、访问权限和特权。另外，建立附加的登录保护方案是一个不错的选择。例如，可以添加辅助身份验证，以增强用户验证并标识共享账户的用户。

8.3 不满的员工

不满的员工：试图通过破坏数据或中断业务活动来损害其组织的内部人员。下面通过几个案例来了解一下，当员工情绪出现问题时会发生什么，会给公司带来什么样的损害以及我们应该如何进行防范。

8.3.1 案例分析

案例1 微盟惨遭“删库”[6]

(1) 案例描述

2020年2月23日晚上,微盟惨遭“删库跑路”。公司SaaS业务突然崩溃,基于微盟的商家小程序都处于死机状态,300万家商户的生意基本停摆。这成为微盟自成立以来面临的最大挑战,为了渡过难关,其一方面与腾讯云团队并肩作战,尽全力抓紧修复数据,另一方面想方设法安抚商家,防止用户流失。直到3月1日晚上8点,被删除的数据终于全面找回,3月3日上午9点数据恢复正式上线。犯罪嫌疑人贺某在第一时间被警方抓获。2020年8月26日,上海市宝山区人民法院一审宣判,贺某犯破坏计算机信息系统罪,判处有期徒刑6年。但这并不足以弥补贺某给微盟、商家带来的损失。

(2) 攻击流程

2020年2月23日晚,微盟核心员工贺某酒后因生活不如意、无力偿还网贷等个人原因,做出了私自删除数据库的行为,这一举动直接导致微盟SaaS业务瘫痪。

(3) 危害和损失

此次案件中,微盟自身蒙受巨大损失,短短几天公司市值就蒸发超过20亿港元。微盟在修复数据库后随即向商家提出了诚意满满的赔偿方案,分为现金赔付计划和流量赔付计划。现金赔付共计拨备1.5亿元赔付金,其中公司承担1亿元,管理层承担5 000万元;流量赔付将针对因系统不可用期间遭受损失的商家给予腾讯广告50 000曝光次数,进行流量补偿,并且提供账户运营服务,同时再延长SaaS服务有效期2个月。

案例2 被解雇的员工报复性网络攻击[7]

(1) 案例描述

2018年,Deepanshu Kher因被免职,对公司进行了报复性的网络攻击。Kher因恶意报复于2021年1月11日被捕,于3月22日被判处两年徒刑并接受三年监外看管。他还被勒令向其破坏的公司支付567 084美元的赔偿金。

Kher于2017年被一家美国IT咨询公司聘用。该公司将Kher派往加利福尼亚州卡尔斯巴德的A公司总部,以协助企业迁移到Microsoft Office 365(MS O365)环境。A公司对Kher的工作不满意,并立即向雇主报告。2018年1月,Kher因表现不佳,被从A公司总部撤职,并于5月4日被免除在IT咨询公司的职位。

(2) 攻击流程

失业后一个月,Kher移居印度德里,并实施了复仇计划。2018年8月8日,Kher入侵了开除自己的A公司的服务器,并删除了1 500个Microsoft Office 365用户账户中的1 200多个账户。

(3) 危害和损失

此次网络攻击对A公司的正常运营造成了严重的影响,导致公司的大多数员工没有办法工作,公司被迫彻底关闭了两天。员工无法访问他们用来执行工作的电子邮件、联系人列表、会议日历、文档、公司目录、视频和音频会议以及虚拟团队环境。员工无法联系到客户、提供商和消费者,并且员工无法将正在发生的事情告知客户或让他们知道公司何时恢复运营。在此次攻击之后,A 公司经常遭遇各种网络问题,这种状况持续了三个月。

案例 3　心怀怨恨的雇员破坏系统[8]

(1) 案例描述

因怨生恨,Grouchy Grupe 删除了公司的重要文件和账号,导致公司系统瘫痪。最终,Grupe 因破坏该组织的计算机网络而被判入狱 366 天。

Grupe 是加拿大太平洋铁路公司的系统管理员,他与同事和上级的关系不太友好。2015 年 12 月,Grupe 因不服从上级命令而被停职。而当他复工时却被告知自己已经被解雇了,而且是当场解雇,即时生效。他说服老板让他以辞职而不是被解雇的方式离开,并表示会退还笔记本计算机、远程访问身份验证令牌以及访问徽章。

(2) 攻击流程

在交还公司笔记本计算机前,心怀怨恨的 Grupe 用这台笔记本计算机登录了公司网络,删除了重要文件和一些管理员账号,修改了其他人的账户口令。然后,他格式化了硬盘以隐藏其操作痕迹,之后才上交了这台笔记本计算机。

(3) 危害和损失

在 Grupe 离开后,公司网络就开始不稳定,公司 IT 员工纷纷发现自己登录不了系统,执行不了修复操作。最终,他们只能重启网络,雇用外部公司进行修复。系统日志揭示了 Grupe 就是罪魁祸首。

8.3.2　解决方案

有时,员工可能会因为个人问题,与同事和高管的冲突或工作倦怠而从事破坏公司的活动。对于此类威胁,有效的做法如下:

① 撤销离职员工的访问权限和用户凭证;

② 对重要数据进行备份;

③ 密切监视即将离职的员工的所有行为;

④ 经限制敏感数据的访问;

⑤ 部署自动检测可疑活动用户和实体行为分析工具;

⑥ 教育员工,确保其了解破坏行为导致的后果以及要负的相应的法律责任。

8.4　恶意内部人员

恶意内部人员:有权访问公司资产的行为者,他们利用现有特权访问信息以获取个人利益。下面通过几个案例来了解一下,具有恶意的内部员工如何盗窃数据,给公司带来怎样的影响以及我们应该如何进行预防。

8.4.1 案例分析

案例1 IBM集群文件系统源代码被盗[2]

(1) 案例描述

在IBM集群文件系统源代码被盗一案中，一名美国联邦调查局(FBI)探员负责调查该案。许某在与探员伪装的客户见面时自称使用IBM专有代码制作软件且向客户销售，并向探员提供了带有IBM源代码的软件。而且许某还提出可提供代码修改服务，去掉代码源产地信息。那次见面之后不久，许某就被捕了。美国检方当地时间2018年1月19日宣布，IBM中国公司前软件工程师许某因盗用IBM专有源代码而被判入狱5年。

(2) 攻击流程

许某是在IBM开发集群文件系统源代码的核心员工。该案例中的专利软件受到IBM精心打造的防火墙的层层保护，而许某是少数几个能够接触到该专利软件的人。在被IBM聘用并取得公司信任后，许某拷贝了该软件，然后辞职，出售该副本以牟利。

(3) 危害和损失

许某将所窃取的源代码出售给其他公司，以获取自身的利益，严重破坏了创新和正当竞争关系。

案例2 通用电气员工窃取商业机密[9]

(1) 案例描述

2020年，两名通用电气(General Electric Company，GE)前员工因涉嫌窃取商业机密被逮捕。GE在某次竞标中败给了一个新公司，该公司同样拥有高级技术的计算机模型，该模型用于对发电厂中的涡轮机进行专业校准，GE查到该公司是由其前雇员创立的，他们便将该事件报告给了FBI。FBI对该事件进行了数年的调查，并于2020年将两名恶意内部人员送入监狱，这两名恶意内部人员还需向通用电气支付140万美元的罚款。

(2) 攻击流程

通用电气员工从公司服务器下载了数千个带有商业机密的文件。然后，通过一种隐写技术，将数据隐藏在一张照片中，并发送到自己的个人邮箱中。此外，他们说服系统管理员授予他们对公司敏感数据的不当访问权。

(3) 危害和损失

其中一名员工创办了一家新公司，该公司随后与GE针对涡轮机项目进行竞标，并提交了比GE价格低得多的标书。通用电气在几次涡轮机投标中都输给了这家价格较低的新竞争对手。

案例3 民警盗取个人信息[10]

(1) 案例描述

2017年3月至2018年7月，民警肖某盗取公民信息出售，共获利180余万元。最终肖某被法院认定为侵犯公民个人信息罪，判处有期徒刑四年六个月，并处罚人民币182万元。

（2）攻击流程

肖某投资失败后，发现出售公民个人信息可以赚钱，便利用职务之便发布代查公民个人信息的消息，并留下了自己的联系电话。很快，有人主动与肖某联系，双方协商了买卖公民个人信息的价格。但肖某自己的账户没有高级查询权限，为了盗取公民信息，他利用工作便利，盗用了同事的账户，非法获取公民行踪轨迹、住宿信息、车辆轨迹等个人信息后出售给买方，非法获利，并将违法所得用于购买奢侈品挥霍。

（3）危害和损失

肖某出售公民个人信息数万条，侵犯了公民的个人隐私，且作为公安民警知法犯法，严重损害了警察和国家的形象。

8.4.2 解决方案

恶意内部人员会收集公司数据（知识产权、商业秘密、客户信息、财务数据或市场秘密）并利用其获取竞争优势或个人优势。

往往重大的恶意事件都发生在员工离职前后。这就是为什么要密切注意已收到解雇通知或决定自行辞职的员工的原因。这样的员工通常认为他们没有什么损失，并且有人可能想利用他们在办公室的最后几周来滥用或破坏数据。防止网络安全漏洞和发现恶意行为的最佳做法如下：

① 撤销停职人员的访问权限和用户凭证；

② 密切监视即将离职的员工的所有行为；

③ 利用用户监控软件来清晰了解离职的员工对账户的使用情况；

④ 部署可以自动检测可疑活动并通知安全人员或管理员的用户和实体行为分析工具。

特权用户进行内部人员攻击的最常见结果之一是由于滥用数据而造成的欺诈。拥有特权的员工可能会查询客户的个人信息，然后出售，利用这些信息谋取个人利益或将其用于欺诈性交易。

8.5 无能的第三方

无能的第三方：因疏忽、误用、恶意访问或使用资产而危及公司安全性的业务合作伙伴。此外，黑客可能会以较低的安全级别破坏第三方提供商，以进入受保护的边界。下面通过几个案例来了解一下，第三方提供商如何无意或恶意地盗窃数据，给公司带来怎样巨大的损失以及我们应该如何进行防范。

8.5.1 案例分析

案例 1　韩国信用卡信息泄露[11]

（1）案例描述

2012—2014 年，韩国多家商业银行及其关联信用卡公司的大量信用卡信息泄露。由于人们使用信用卡的情况非常普遍，至少有 2 000 万韩国人受到影响，成为韩国历史上最严重的数据泄露事件之一。此次泄露的用户信息来自韩国国民卡、乐天卡和农协卡公司的内部服务器，该信息泄露事件由一家为个人信用评级公司工作的电脑承包商所为。

(2) 攻击流程

电脑承包商将受保护的数据(包括姓名、社保号码和电话号码)保存在 U 盘上，然后复制了这些数据，并将数据卖给了营销公司。

(3) 危害和损失

此次事件造成超过 115 万名用户办理银行卡的停用、注销或重办业务。韩国金融监督委员会(Financial Services Commission，FSC)表示，韩国国民银行(Kookmin Bank)、乐天卡(Lotte Card)和 NH Nonghyup 三家银行负有责任，因为它们“忽视了防止客户信息泄露的法律责任”。这些银行被罚款，并被禁止发行新的信用卡三个月。这三家银行的首席执行官就这一违规行为公开道歉，十几位高管已经辞职或提出就此辞职。

(4) 解决方案

韩国政府决定在用户停卡后删除其个人信息，全面改善过多要求个人信息的惯例；政府还将加大对信息泄露涉案人员的刑事处罚力度。此外，韩国政府决定由金融委员会和金融监督院等机构成立工作小组，全面拟定预防个人信息遭不法使用的对策，并定期向民众通报结果。金融监督院将对内部监管松懈、发生用户信息泄露的金融企业施以更严厉的处罚。

案例 2 Target 信息泄露[9]

(1) 案例描述

Target 是美国零售业巨头，与 Walmart 相比，Target 更侧重于中高端购物群体。2013 年 11 月 12 日至 2013 年 12 月 15 日期间，黑客盗取了 Target 4 000 多万张信用卡的信息以及7 000 万条包括姓名、地址、邮件、电话等的用户个人信息，用于地下交易。

(2) 危害和损失

事情一经爆出，Target 当时的首席信息官(Chief Information Officer，CIO)和首席执行官(Chief Executive Officer，CEO)相继引咎辞职，2014 年 6 月，Target 任命了公司历史上首位首席信息安全官(Chief Information Security Officer，CISO)。2017 年 3 月 21 日，Target 同意支付 1 850 万美元用于赔偿 47 个州和哥伦比亚特区的索赔，以及针对这次事件开展的多州调查。Target 为这次数据泄露事件付出的代价为 2.02 亿美元。

(3) 攻击流程

Target 作为零售业领军者，表现出了对信息安全的高度重视，斥巨资组建了有 300 多名员工的安全团队，花费 160 万美元购买 FireEye 产品并在事前 6 个月做了上线部署，2013 年9 月还通过了 PCI DSS(Payment Card Industry Data Security Standard，第三方支付行业数据安全标准)合规认证。

在如此规模的安全措施保护之下，攻击者是如何攻破“安全”的 Target 的呢？首先，黑客在 Target 门店的 POS 终端上植入恶意软件，用户刷卡时它会直接读取内存中的信用卡磁条信息。虽然黑客在销售终端设备上成功安装了数据收集器，但想要取回偷到的数据，他们必须进到 Target 的网络中才行。因此，他们需要内部信息。通过突破一个相对较弱的系统，他们获取到了内部信息。该系统就是 Target 的一家承包商：Fazio Mechanical——一家制冷业承包商。Fazio Mechanical 的一名雇员中了网络钓鱼骗局，在公司网络中安装了 Citadel 恶意软件。当在 Fazio Mechanical 的某人登录 Target 网络时，Citadel 就会捕获登录信息并发送给黑客。有了这些"敲门砖"，黑客就可以用他们的技术侵入 Target 的网络，最终窃取大量的信用卡和用户信息。

(4) 威胁分析

此次事件充分暴露了 Target 存在的一系列安全问题，包括第三方厂商管理(对于低级别的第三方访问鲜少采用双因子认证)、安全架构设计(安全域和权限管理存在问题)、漏洞管理、安全告警响应等，其中第三方厂商的无能与不专业造成的安全问题为黑客打开了入侵网络的"第一道门"。

(5) 改进方案

Target 从未公开谈论过从违规事件中汲取的教训。但是，该公司已投资了数亿美元用于增加安全人员，组建了由安全专家组成的团队，不断测试公司网络和员工的安全性，并建设了一个"网络融合中心"，以更好地应对其各种商店和网络面临的日常威胁。

8.5.2 解决方案

第三方提供商通常可以远程访问(并且可能滥用)公司基础结构和敏感数据。即使第三方提供商是诚实可靠的，公司也无法完全控制对方在合作期间的行为。因此，不能确定其是否遵守高安全标准。防范第三方提供商所造成的内部威胁是具有挑战性的。以下是有效控制第三方活动的三个方法。

(1) 评估第三方提供商的安全性

雇用第三方提供商之前，请先对其进行调研。这应该包括对提供商的安全控制进行完整的概述，并检查相关的安全证书。除此之外，将对网络安全的期望纳入到与第三方提供商的合同中。通过书面协议将安全标准和程序形式化，并于将来执行这些标准。

(2) 监控第三方活动

当第三方对公司的敏感数据进行的处理非常重要时，做到对每个可用会话进行完整记录这一点是非常必要的。

(3) 提供对敏感资源的临时访问

限制分包商潜在的网络安全漏洞的又一种方法是尽可能地限制他们对基础结构的访问。为此，可以使用临时访问解决方案(例如一次性密码)，仅在第三方需要时才授予第三方访问权限。系统管理员可以手动批准每个连接，也可以为某些用例设置自动批准。

8.6 内部威胁缓解和防御技术总结

8.6.1 一般通用防御方案概述

对于各种类型的内部威胁，借助一些网络安全工具和实践，能够很好地应对和检测，并快速有效地做出响应。下面介绍具体工具和管理措施。

用户行为分析(UBA)工具：建立员工行为基线，用以检测不寻常的活动。如果检测到异常行为，则通知管理人员。UBA工具通常基于人工智能或机器学习，可帮助安全人员检测威胁并尽早采取措施。

特权访问管理功能通过为特权用户提供对敏感资源的精细访问来帮助防止内部攻击。应用零信任安全性原则，该原则遵循最小特权和“永不信任，始终验证”。

员工安全培训：通过培训和法律普及，可以提高员工对威胁的认识以及对自己行为的约束。高效的用户培训有助于减少由于疏忽以及恶意导致的事件数量，并为用户提供足够的知识来识别和报告威胁。

威胁情报共享是一种行业范围内的实践，它在组织之间交换有关检测到的风险和攻击的信息。它使公司可以为可能的威胁做好准备，并在调查中互相帮助。但要注意在共享安全数据时，不要过度共享和暴露敏感数据或网络安全细节。

在开始与提供商合作之前，需要利用严格的第三方审查程序来评估提供商的网络安全级别。应该检查提供商的员工如何访问和使用敏感数据，讨论他们遵循的责任和做法，等等。即使在与提供商签署协议后，也要注意有权访问组织基础结构的第三方。

事件响应管理工具和过程可帮助组织立即对内部威胁做出反应，并在造成重大损失之前加以缓解。为了帮助安全人员做到这一点，事件响应管理工具会向他们发出在用户活动监视期间检测到的可疑行为的警报。管理以及安全人员可以实时查看可疑会话，并在需要时阻止该会话或阻止用户。软件还可以配置为自动执行该操作。

员工监视工具记录了组织范围内的任何用户活动。这些工具可帮助检测网络安全和员工工作效率方面的问题，这在与远程员工合作时尤其重要。通过记录用户屏幕和元数据中的活动来确保持续监控，元数据包括：键盘按键，鼠标动作，打开的文件、文件夹和URL，连接的USB设备，执行的命令等安全人员可以实时查看会话或搜索有关特定事件的记录。

8.6.2 内部威胁防御技术总结

内部威胁是网络空间安全甚至是现实世界中最困难的问题之一。许多关于内部威胁的报告描述了被信任访问敏感信息的人滥用这些信息，破坏这些信息，损害这些信息的隐私，并与他人(有时是其他内部人员)合作，造成了各种损失和严重伤害。

图8-1详细说明了内部威胁防御技术的分类。本小节将针对该图中的缓解和预防技术进行简要介绍。内部威胁的缓解和预防研究根据技术的类型或特定的应用领域分为不同

类别。本小节将对其中的威慑、数据泄露预防、过程分析、风险预算分配、虚假信息诱捕、关系型数据库、访问控制、限制内部侦察进行简单介绍。

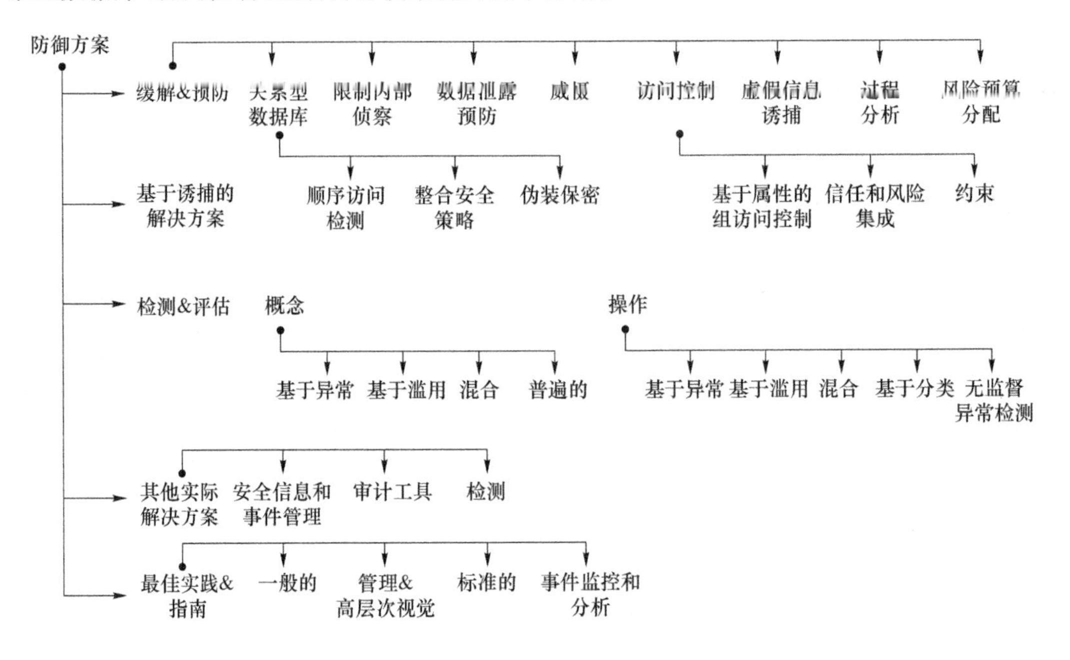

图 8-1　内部威胁防御技术分类

1）威慑

Vance 等[12]提出了几个问责系统作为违反访问规则的威慑因素，并进行了一个调查来支持他们的假设。Vance 等指出，信息系统用户界面的方便特性有助于增强人们对问责制的认识，从而对违反规则的人员产生威慑作用。

信息安全的一个长期原则是最小权限原则，它要求系统用户获得完成任务所需的最小访问权限。然而，许多财务、医疗和客户记录系统因实际需要给予了员工广泛的访问权限。不幸的是，如果有了广泛的访问权，权力就可能会被滥用。

Vance 等同时研究了如何设计系统用户界面特性，以使最终用户对自己在系统中的行为更负责，从而不存在滥用访问权的可能性。为此，他们进行了一个调查，以确定用户界面设计特性对问责制的影响。调查的结果表明，问责制的设计特征显著减少了未经授权访问。

2）数据泄露预防

数据泄露的三种典型模式如图 8-2 所示。

主动数据泄露预防模型的主要思想是添加安全数据容器（Security Data Center，SDC）以实现主动安全性。如图 8-3 所示，SDC 相当于为文档添加一个保护外壳。数据和安全属性被加密和打包，这对上层应用程序是透明的。SDC 是一个动态虚拟隔离环境，用于访问敏感内容的进程，控制文件访问、网络访问和进程间通信。进程只能使用 SDC 中的解密数据。任何向非可信存储或非可信进程中写数据的操作都会被禁止。经授权的正常用户和非法进程都不能泄露受保护的敏感数据。

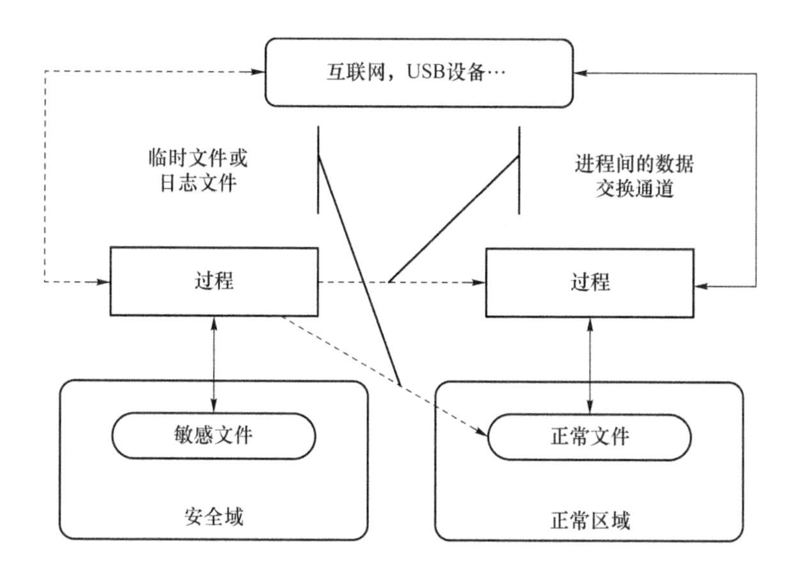

图 8-2　数据泄露的三种典型模式

SDC 可以针对终端[13]中的进程隔离环境进行构建，也可以针对操作系统级或硬件级的虚拟机进行构建[14]。底层 TPM 模块（Trusted Platform Module，可信平台模块）保证了 SDC 的完整性本身和数据加密或解密密钥。在处理访问敏感数据时，SDC 会主动检测相关使用环境的完整性和安全性，包括平台、硬件平台的解密密钥等，它通过验证用户和进程，确保授权用户在受信任的环境中使用数据，并达到数据保护的预期。

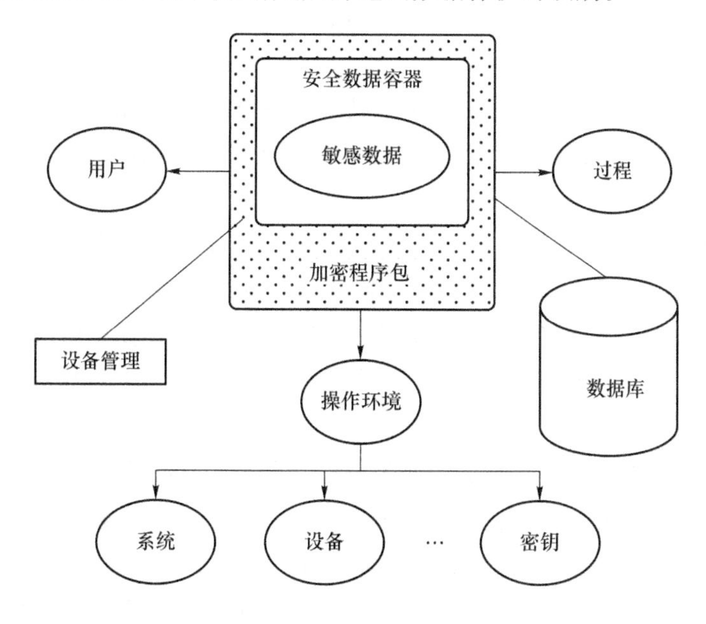

图 8-3　主动数据泄露预防模型

3）过程分析

Bishop 等[15]提出了一种基于过程的方法，通过应用故障树分析和有限状态验证技术来识别和消除可能产生数据泄露和破坏的地方。

传统的内部威胁检测方法集中于检查能够访问敏感数据或资源的人的行动，通过对内部人员的行为本身进行分析，来找到可疑的行为模式。其中内部人员的行为可以从技术日志或其他有关信息(例如，心理测试)中获得。Bishop 等[15]给出了另一种方法，不是通过监控日志来识别即将发生的内部攻击，而是使用严格的、基于过程的方法，识别工作过程中可以进行内部攻击的位置。在了解内部攻击如何发生、在哪发生后，公司通常能够重组其工作过程，以降低遭受内部攻击的风险。这些技术能够给予公司洞察攻击的能力，如果公司怀疑有攻击发生，则公司可以知道从哪里排查攻击点，应该考虑在这个工作中采取哪些步骤来进行更仔细的监控(例如，日志审计或视频监控)，以及重组工作过程来减少其中的漏洞。

目前许多处理内部攻击的方法是动态的和反应性的。一些方法专注于检测内部攻击何时发生，或者攻击是否正在发生。虽然内部攻击检测可能会说明如何弥补内部攻击的负面影响，但这比不上从一开始就防止攻击的发生。有些处理内部攻击的方法基于广泛的心理学和社会学分析(通常体现在对员工的背景调查中)来预测谁可能会发动攻击。这种方法往往相当狭隘地关注特定的威胁环境，而且似乎很难推广到其他环境中。

访问控制是抑制内部攻击的一种常见方法。但是，一些最常见的基于内部人员的身份或角色的访问控制机制，对内部安全的保护力度不够。这种访问控制机制可以允许内部人员访问关键数据以执行其被特别授权的任务，但不能阻止这些人员滥用该授权来损害或误用关键数据。例如，生物统计学家必须被授权获取药物试验的原始数据，这是制药公司在进行新药试验的过程中不可分割的一部分。但是生物统计学家没有被授权修改数据，以使药物看起来比实际效果更有效(数据破坏攻击)，或者将数据通过电子邮件发送给制药公司的竞争对手(数据泄露攻击)。基于身份的和基于角色的访问控制通常无法防止这类内部攻击。因此，目前研究人员正在探索更复杂和更强大的访问控制形式。

4) 风险预算分配

Liu 等[16]针对无意的内部人员(Inadvertent Insider)提出了一种缓解内部威胁的技术，即为每个用户分配一个风险预算，指定员工在执行任务期间可造成的最大风险累积量；员工可因风险预算保持在预算范围内而得到奖励，或因耗尽预算而受到惩罚。

无意的内部人员是得到信任的内部人员，他们没有恶意，但对安全问题不负责任。其结果往往是恶意的外部攻击者能够使用这些不负责任的内部人员的权限来实施内部攻击。文献[16]提出使用一种新的风险预算机制来减轻这种威胁，该机制激励内部人员根据组织设定的风险预算进行工作。文献[16]提议为内部人员分配一个风险预算，每个人能分配到特定的风险点数，允许员工在有限的风险点数中采取行动。通过这种方式，员工可以在不破坏安全系统的情况下完成任务。如果内部人员在完成工作的过程中超出了风险预算，就会受到惩罚，反之则得到奖赏。最重要的是，风险预算要求用户通过做出有意识的、可预见的选择来承担风险。文献[16]描述了该系统背后的理论，包括对内部威胁的具体应对工作。文献[16]通过实验评估了这种方法，证明了所提风险预算机制的有效性。文献[16]还对该机制进行了博弈论分析。

5）虚假信息诱捕

Stolfo 等[17]提出了一种将行为监控和攻击性诱饵技术相结合的方法，以防止在云环境中伪装成内部人员的外部攻击者进行未经授权的访问。当怀疑某个访问是未经授权的访问时，系统会触发一个“虚假信息攻击”，通过大量的诱饵数据“迷惑”潜在的攻击者。

云计算将显著改变我们使用计算机、访问和存储个人和商业信息的方式。新的计算和通信方式的出现，带来了新的数据安全挑战。现有的数据保护机制（如加密）未能防止数据盗窃攻击，特别是内部人员对云服务提供商实施的攻击。Stolfo 等提出了基于诱饵信息技术的云端数据保护方法，也称为雾计算。该方法能够监控云中的数据访问，并检测异常数据访问方式，当怀疑有未经授权的访问时，使用诱饵信息技术对恶意的内部人员发起虚假消息攻击，向攻击者反馈大量的诱饵信息，防止攻击者区分真正的敏感用户数据和毫无价值的虚假数据，从而达到保护用户真实数据的目的。Stolfo 等提出了两种使用雾计算来防御攻击的方法：①由云服务客户在云中部署诱饵信息；②由个人用户在个人的在线社交网络配置文件中部署诱饵信息。实验结果证明该方法可以有效地提高云环境中用户数据的安全性。

越来越多的公司，尤其是创业公司、中小企业，选择将数据和计算外包给云计算服务提供商。这显然会提高工作效率，但也会带来很大的风险，其中最严重的风险可能是数据盗窃攻击。

如果攻击者是恶意的内部人员，则数据盗窃攻击的危害性将会更大。这被云安全联盟[18]认为是云计算面临的首要威胁之一。虽然大多数云计算客户很清楚这一威胁，但在保护数据方面，他们只能信任云服务提供商。对云服务提供商的身份验证、授权和审计控制缺乏透明度，只会加剧这种威胁。

Rocha 和 Correia[19]概述了云服务提供商的恶意内部人员窃取云用户机密数据的过程，通过一组攻击展示了恶意内部人员如何轻松获取云用户的密码、密钥、文件，以及其他机密数据，并且云用户无法感知到这些未经授权的访问。

云计算安全方面的许多研究都集中在通过开发复杂的访问控制和加密机制来防止未经授权和非法访问数据的方法上。然而，这些机制并不能防止数据被泄露或破坏。Van Dijk 和 Juels[20]认为，完全同态加密是针对这种威胁的一种解决方案，但在单独使用时，该方案并不能完全保护数据。

6）关系型数据库

（1）顺序访问检测

Yaseen 和 Panda[21]讨论了关系数据库中的内部威胁问题，并提出了缓解或预防该问题的机制。针对顺序访问关系数据库中的特定数据，使用威胁预测图来缓解内部威胁。

在关系数据库系统中，内部人员通常熟悉数据库的模式、依赖关系和其他属性。这使他们比外部攻击者更有优势，使得他们的攻击难以被发现。

文献[21]说明了对相同数据项的不同访问顺序可能会构成不同级别的威胁以及将数据项视为过期数据项所必需的条件。此外，该文献还介绍了两种不同的执行内部事务的方法，以及如何防止这些事务中的内部威胁。该文献提出了一个神经依赖推理图模型对数据项进行特定顺序的访问，从而最大化数据项的可用性，并将预期威胁降到最低，该模型可以更为有效地防御内部人员必须访问风险数据项的情况下存在的内部威胁。

(2) 伪装保密

Gopal 等[22]提出了一个通过伪装来保密(Confidentiality via Camouflage, CVC)的概念，该概念能够对关系数据库的基于数字区间的查询进行响应，同时保持机密性。Gopal 等提出了一种实用的方法，对数据库的查询提供响应，同时不影响机密数据。该方法适用于任何规模的数据库，不需要对机密数据的统计分布进行假设。响应是以数字加上保证的形式来进行的，因此用户可以决定包含确切答案的间隔。几乎任何可以想象到的查询类型都能得到回答，在没有内部信息的情况下，用户之间的串通不会出现问题。文献[23]中的实验分析支持了该方法的实际可行性。

CVC 方法综合了扰动和查询限制的优点，同时消除了它们大部分的缺点。与扰动相同却与查询限制不同的地方在于，CVC 能够提供无限数量的响应，即使用户串通，并且在时间和存储上有很高的效率，它也具有查询限制的优点，即对所有查询给出的答案都是正确的。然而，CVC 的响应形式与查询限制或扰动的响应形式不同。它的响应是一个对应于点答案加上对精确正确答案的最大偏差的确定性保证。显然，用户可以选择响应的间隔时间，或者使用扰动或查询限制方法的点响应。与扰动方法相比，CVC 方法非常重要的附加优势如下。

① 不需要进行参数统计，这使得该技术是有效的，并且独立于数据的底层分布。

② 可以处理各种查询类型。

③ 可以处理小记录集上的查询。

④ 动态数据库几乎可以像静态数据库一样容易处理。

⑤ 数据库管理员可以对不同查询的回答程度进行一些先验控制。

(3) 整合安全策略

Jabbour 和 Menasce[23]提出通过将安全策略机制作为被保护系统的一部分来保护数据库环境免受内部威胁攻击。该作者提出了一种不间断的自我保护机制，该机制完全集成到受保护的计算机系统中，并且与受保护的计算机系统不可分割，确保了系统安全审计的完整性、可负担性和合规性。同时，该作者提出了一个内部威胁安全体系架构(Insider Threat Security Architecture，ITSA)，并且介绍了一个特权用户可以破坏保护系统的安全场景，以及如何在该场景下使用 ITSA 缓解内部威胁。

图 8-4 和图 8-5 将保护数据库免受内部威胁的传统方法与 ITSA 方法进行了对比。图 8-4 展示了传统方法，即数据库管理员(Database Administra，DBA)可以对系统进行自由受限制的访问，并且能够在没有任何限制的情况下进行任何类型的更改。DBA 可以以一种非常微妙的方式或以一种非常明显的方式损害系统。前者包括改变一些配置参数，从而以一种对系统不太明显的方式来改变系统的行为，一个例子是改变系统审计标准，以忽略某些审计条件；后者包括删除系统对象，甚至删除整个数据库。

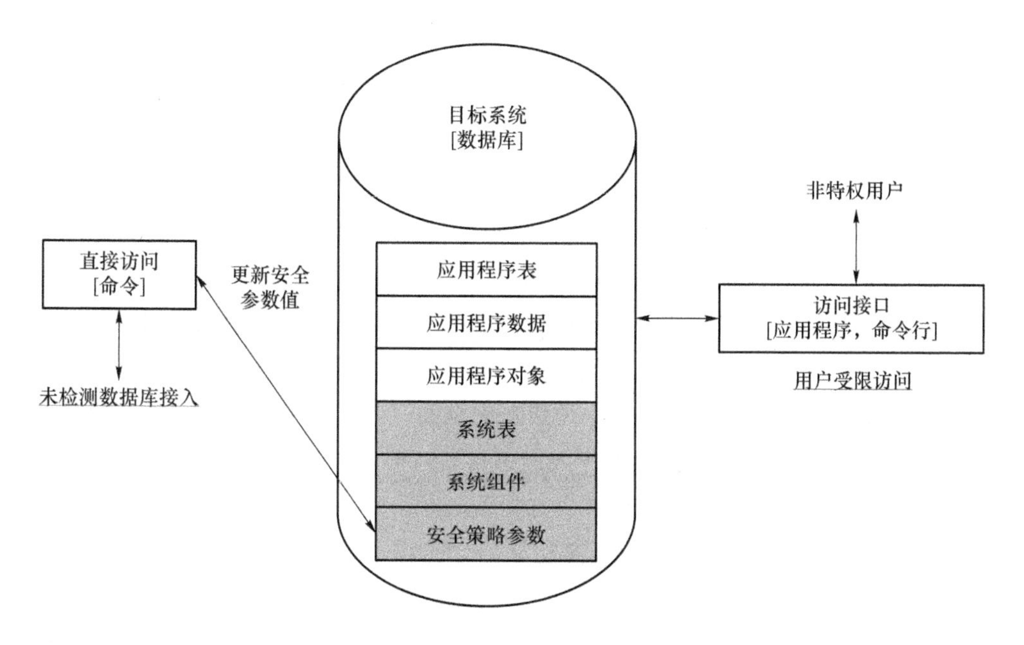

图 8-4　传统的系统保护方法(不针对内部威胁)

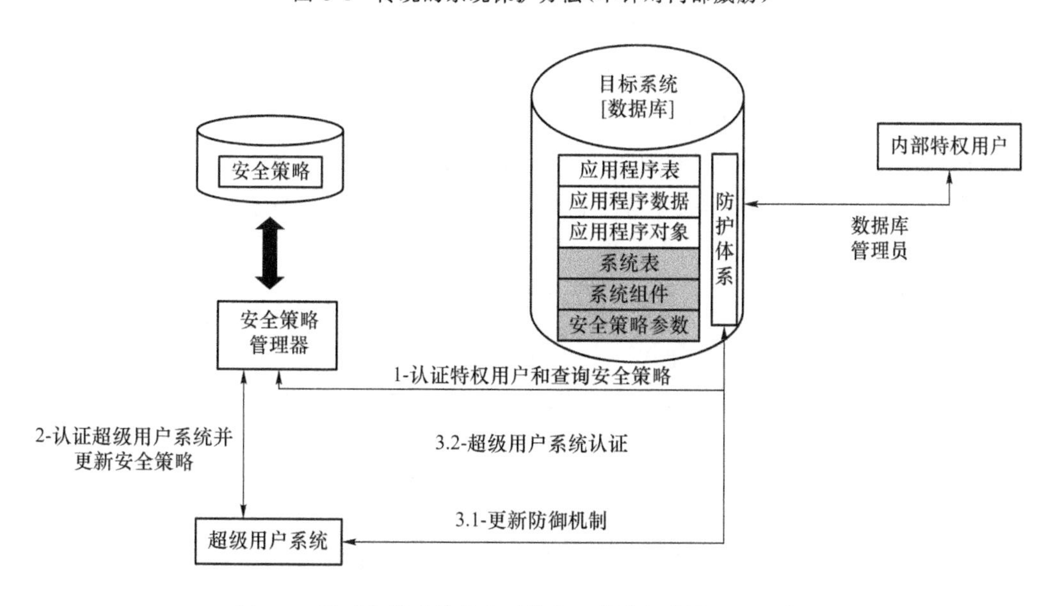

图 8-5　针对内部威胁的向系统嵌入保护机制的 ITSA 方法

图 8-5 基于 ITSA 框架,展示了包括 DBA 在内的任何特权用户可以不通过防御机制就能对系统进行更改。任何特权用户的操作都会根据由超级系统所有者创建、维护和集体拥有的安全策略进行验证。ITSA 框架要求有多个系统所有者参与影响安全策略。每个系统所有者都有系统的部分密码,当某个系统所有者的密码与所有其他系统所有者的密码结合时,便构成一个可以访问和修改安全策略和系统的完整有效的密码。这可以确保任何单个系统所有者都不能单独修改该策略。如图 8-5 所示,任何用户对目标系统的访问必须通过嵌入目标系统的防御机制来进行。防御机制会查询安全策略,以验证针对系统提交的操

作。安全策略可能会也可能不会嵌入到目标系统中,只能由超级系统所有者修改该安全策略。另外,超级系统所有者可以访问和修改安全策略(经过身份验证后),从而影响防御机制。

7) 访问控制

Shalev 等[24]提出了一种基于 Linux 容器的解决方案,可以将系统管理员与和当前工作任务无关的资源隔离,同时使他们能够在获得权限代理批准时获得其他权限。

系统管理员可以无限制地访问系统资源。正如"斯诺登事件"所示,这些权限可以被用来窃取有价值的个人机密或商业数据。文献[24]提出了一种策略,通过限制 IT 人员对系统的权限并监控他们的行动来提高企业的信息安全性。该文献引入了穿孔容器的概念,常规的 Linux 容器对于系统管理员的工作限制过多,但通过在其中"打孔",便能在信息安全和所需的管理需求之间取得平衡。该解决方案预测对于每一个 IT 问题可以通过访问哪些系统资源来处理,创建一个具有相应隔离功能的穿孔容器,并根据需要将其部署到相应的机器中以解决问题。在这种方法下,系统管理员保留超级用户权限,只能在容器限制内操作。文献[24]为管理员提供了绕过隔离,并临时执行超出其边界的操作的方法。然而,这些操作会被监控和记录,以供以后的分析和异常检测使用。

文献[24]提出的 WatchIT 体系架构如图 8-6 所示。工作流程从终端用户向 IT 部门提交请求开始,我们称此请求为 ticket。ticket 由文本编写,包括对配置错误、连接问题、软件错误、许可证过期、权限不足等的投诉。ticket 被提交到一个处理 ticket 的 IT 框架中。该 IT 框架分析 ticket 并将每一 ticket 分类到预定义的类别中。每个类都与一组问题以及一

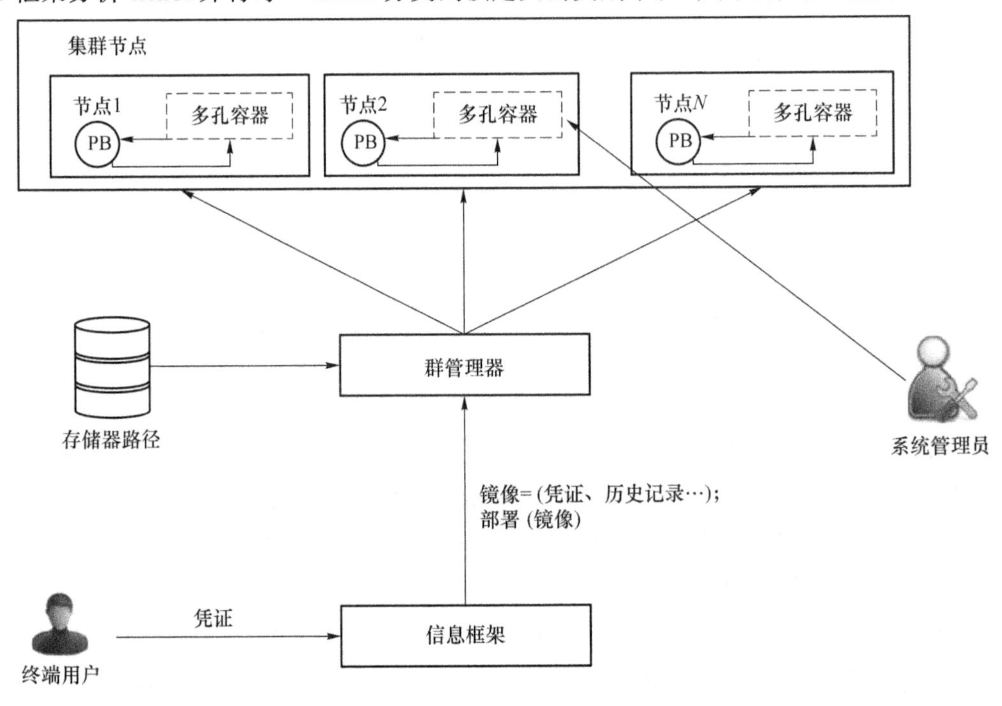

图 8-6 WatchIT 体系架构

组处理这些问题的权限相关联。因此，对于每个 ticket 类，分配一个穿孔容器，每个容器都与相应的配置集相关联，并且有足够的权限来处理相应的 ticket。与 Docker 结构类似[25]，各种容器映像保存在专用的映像存储库中，用于快速部署。在对 ticket 进行分类后，框架会要求集群管理器(如 Apache Mesos)在目标计算机上部署相应的映像。

部署之后，IT 人员可以登录到目标机器中的部署容器中，并处理 ticket。由于操作系统内核的命名空间子系统提供了隔离，管理员受到穿孔容器规定的限制，不能对容器外的系统部分进行操作。

8) 限制内部侦察

Achleitner 等[26]提出了一种基于软件定义网络(Software Defined Network，SDN)的网络欺骗系统，以防御内部敌人进行的侦察(如高级持续威胁 APT)。该系统模拟了虚拟网络拓扑，能够通过延迟攻击者对网络的扫描来阻止网络侦察，此外，该系统还部署了蜜罐来识别攻击者。

APT 攻击通常依靠侦察来收集有关目标及其在网络中的位置信息，以及识别可用于攻击的漏洞。高级的网络扫描技术通常用于这个目的，并由被恶意软件感染的主机自动执行。文献[26]正式定义了网络欺骗以防御侦察，并开发了基于 SDN 的侦察欺骗系统(Reconnaissance Deception System，RDS)，通过模拟虚拟网络拓扑来实现欺骗。RDS 通过延迟敌人的扫描技术和使其收集的信息无效来阻止网络侦察，同时最大限度地减少对良性网络流量的影响。文献[26]引入了在计算机网络中防御恶意网络侦察的方法，网络侦察是 APT 攻击目标所必需的，该文献表明，RDS 能够使攻击者获得的信息无效，延迟寻找主机漏洞的过程，并识别网络中攻击者侦察流量的来源，同时只对网络中的良性流量造成平均 0.2 ms 的延迟。

参考文献

[1] 牛耕. 搜狐新闻. 推特被黑股价暴跌，众多名流被骗，爆料称或为内外勾结[EB/OL]. (2020-07-17)[2022-03-15]. https://www.sohu.com/a/408235699_120780844?_f=index_pagefocus_5&_trans_=000014_bdss_dk5gfh.

[2] aqniu. 安全牛. 史上最大医疗信息泄露事件 Anthem 被入侵的分析[EB/OL]. (2015-02-10)[2022-03-15]. https://www.aqniu.com/news-views/6596.html.

[3] MSRC. Access Misconfiguration for Customer Support Database[EB/OL]. (2022-01-22)[2022-03-15]. https://msrc-blog.microsoft.com/2020/01/22/access-misconfiguration-for-customer-support-database/.

[4] 搜狐. Levandowski 沉浮史：投机取巧成了天才少年的不能承受之重[EB/OL]. (2017-09-29)[2022-03-15]. https://www.sohu.com/a/195440350_99919085.

[5] 王茜. 新浪财经. 格兰仕诉新宝股份商业秘密侵权案内幕：涉事前员工投案自首已被刑拘[EB/OL]. (2020-11-30)[2022-03-15]. https://baijiahao.baidu.com/s?id=

16847856408785037908&wfr=spider&for=pc.

[6] 橘子小九. 搜狐. 微盟删库主角被判 6 年，YottaChain 如何保障数据安全？[EB/OL]. (2020-09-22)[2022-03-15]. https://www.sohu.com/a/420118794_100271032.

[7] 网易. 为报复，删数据，被判赔 369 万元，两年的监禁和三年的监外看管[EB/OL]. [2021-03-24]. https://www.163.com/dy/article/G5RE78O00511D6RL.html.

[8] Lain Thomson. The Reigister. Rogue IT admin goes off the rails, shuts down Canadian train switches[EB/OL]. (2018-02-14)[2022-03-15]. https://www.theregister.com/2018/02/14/rogue_it_admin_canadian_railway_switches/.

[9] Gurcul. Famous Insider Threat Cases[EB/OL]. (2021-11-17)[2022-03-15]. https://gurucul.com/blog/famous-insider-threat-cases.

[10] 互联网安全内参. 盘点：全球十大内部威胁事件[EB/OL]. (2020-10-16)[2022-03-15]. https://www.secrss.com/articles/26299.

[11] Ruiyifang.环球网. 过亿信用卡泄密震翻韩国 曝露韩信用卡安全漏洞[EB/OL]. (2014-01-27)[2022-03-15]. https://m.huanqiu.com/article/9CaKrnJE7jF.

[12] VANCE A, MOLYNEUX B, LOWRY P B. Reducing unauthorized access by insiders through user interface design: Making end users accountable[C]//2012 45th Hawaii International Conference on System Sciences. Hawaii: IEEE, 2012: 4623-4632.

[13] SUN W, LIANG Z, VENKATAKRISHNAN V N, et al. One-Way Isolation: An Effective Approach for Realizing Safe Execution Environments[C]// Proceedings of the Network and Distributed System Security Symposium NDSS 2005, San Diego, California USA: [s. n.], 2005.

[14] YU Y. Os-level virtualization and its applications[M]. State University of New York at Stony Brook, 2007.

[15] BISHOP M, CONBOY H M, PHAN H, et al. Insider threat identification by process analysis[C]//2014 IEEE Security and Privacy Workshops. San Jose, CA, USA: IEEE, 2014: 251-264.

[16] LIU D, WANG X F, CAMP L J. Mitigating inadvertent insider threats with incentives[C]//Financial Cryptography and Data Security: 13th International Conference, FC 2009, Accra Beach, Barbados, February 23-26, 2009. Springer Berlin Heidelberg, 2009: 1-16.

[17] STOLFO S J, SALEM M B, KEROMYTIS A D. Fog computing: Mitigating insider data theft attacks in the cloud[C]//2012 IEEE symposium on security and privacy workshops. San Francisco, California, USA: IEEE, 2012: 125-128.

[18] Cloud Security Alliance, Top Threat to Cloud Computing V1.0[EB/OL]. (2010-03-06) [2023-03-25]. https://cloudsecurityalliance.org/topthreats/csathreats.v1.

0. pdf.

[19] ROCHA F, CORREIA M. Lucy in the sky without diamonds: Stealing confidential data in the cloud [C]//2011 IEEE/IFIP 41st International Conference on Dependable Systems and Networks Workshops (DSN-W). Hong Kong, China: IEEE, 2011: 129-134.

[20] VAN DIJK M, JUELS A. On the impossibility of cryptography alone for privacy-preserving cloud computing[J]. HotSec, 2010, 10(1): 1-8.

[21] YASEEN Q, PANDA B. Enhanced insider threat detection model that increases data availability [C]//Distributed Computing and Internet Technology: 7th International Conference, ICDCIT 2011, Bhubaneshwar, India, February 9-12, 2011. Proceedings 7. Berlin Heidelberg: Springer, 2011: 267-277.

[22] GOPAL R, GARFINKEL R, GOES P. Confidentiality via camouflage: The CVC approach to disclosure limitation when answering queries to data bases [J]. Operations Research, 2002, 50(3): 501-516.

[23] JABBOUR G G, MENASECE D A. The insider threat security architecture: a framework for an integrated, inseparable, and uninterrupted self-protection mechanism [C]//2009 International Conference on Computational Science and Engineering. IEEE, 2009, 3: 244-251.

[24] SHALEV N, KEIDAR I, WEINSBERG Y, et al. WatchIT: Who Watches Your IT Guy? [C]//Proceedings of the 26th Symposium on Operating Systems Principles. Shanghai, China: ACM, 2017: 515-530.

[25] MERKEL D. Docker: lightweight Linux containers for consistent development and deployment[J]. Linux Journal, 2014, 2014(239): 2.

[26] ACHLEITNER S, LA PORTA T, McDaniel P, et al. Cyber deception: Virtual networks to defend insider reconnaissance[C]//Proceedings of the 8th ACM CCS international workshop on managing insider security threats. Vienna, Austri: ACM, 2016: 57-68.

第9章　总结与展望

尽管利用深度学习模型进行内部威胁检测已经取得了一些进展，但从内部威胁特征的角度来看，仍然存在许多尚未解决的挑战，本章针对互联网环境下企业信息系统面临的日益严重的内部威胁现状进行详细的分析，下面我们重点介绍一些值得关注的挑战。

9.1　现存挑战

(1) 攻击中的时序信息

现有的大多数针对内部威胁检测的研究只关注活动类型信息，例如将文件复制到可移动文件、磁盘或浏览网页。然而，仅仅基于执行的活动类型来检测攻击是不够的，进行同一活动的用户可以是良性的，也可以是恶意的。一个简单的例子是在工作时间内复制文件看起来很正常，但半夜复制文件是可疑的。时间信息在分析用户行为以识别这些恶意威胁中起着重要作用，如何整合这些时间信息是一个挑战。

(2) 异构数据融合

除了时间信息，利用各种数据源并融合异构数据对于提高内部威胁系统的性能也至关重要。例如，一个在日常工作中复制文件的用户预见到他可能被解雇，并有意将证书文件复制到可移动磁盘。在这种情况下，考虑用户概况(心理测量分数)或用户交互数据有助于确定潜在的内部威胁。

(3) 不易察觉的攻击

目前，现有的研究工作大多将内部威胁检测任务作为异常检测任务，通常将异常样本建模为分配不足的样本。现有模型通常对良性用户样本进行联合训练，然后用来识别与观察到的内部人员不同的良性样本，导出阈值或异常分数量化内部人员与良性人员之间的差异。然而，现实中，我们不能指望内部人员进行恶意活动的重要模式发生改变。

为了逃避侦察，内部威胁是微妙的，而且很难注意，这意味着恶意内部人员和良性用户在要素空间中接近。传统的异常构造方法无法检测到看起来很接近良性用户的恶意内部人员。此外，最近出现了为了绕过身份验证模型的对抗性攻击，此类攻击会故意误导身份验证模型，使得模型判断出错，从而引起重大的网络空间安全问题。

(4) 自适应威胁攻击

内部恶意人员总是提高进攻能力并采取逃避侦察的策略。然而，学习到的基础模型无法检测新类型的攻击培训。当观察到新类型的攻击时，从零开始训练模型是低效的，因为，它通常需要一些时间来收集足够的样本进行模型训练。更重要的是，再培训策略不能确保及时发现和预防攻击。设计一种针对内部恶意人员的变化能自适应提高系统性能的模型是十分重要的。

（5）细粒度检测

现有的基于深度学习的方法通常会检测到包含恶意活动的恶意会话。然而，用户通常在一个会话中进行大量的活动。这种粗粒度的检测面临着时间检测难以实现的问题。因此，如何识别细粒度的恶意子序列或确切的恶意活动，对于内部威胁检测非常重要。这也是一项非常具有挑战性的任务。这是因为我们可以从每个活动中获得的信息非常有限，也就是说，我们只观察用户何时执行什么活动。没有足够的信息，很难实现细粒度的内部威胁检测。

（6）早期检测

目前的内部威胁检测方法侧重于内部人员威胁检测，这意味着恶意活动随时可能发生，并且已经给客户造成重大损失。因此，一个新兴的问题是如何实现内部威胁的早期发现，即提前发现具有潜在威胁的恶意活动。虽然有研究人员提出了利用网络技术防御内部威胁使用通用安全机制的方法，但没有基于学习的实现早期检测的方法。系统主动识别有很大机会进行恶意攻击的用户的近期活动是至关重要的，这样组织就可以提前进行干预，进而减少损失。

（7）可解释性

深度学习模式通常被认为是黑匣子。深度学习可以达到在许多领域都有很好的表现，这是这一技术在不断发展的原因。当员工被发现是内部恶意人员时，关键是要弄清楚模型做出这种预测的原因，因为员工通常是组织中最有价值的人。尤其是深度学习模式内部威胁检测无法达到100%的准确率，误报会严重影响员工对组织的忠诚度。因此，模型的可解释性是这项技术发展的关键所在，使得模型能够以更高的置信度采取进一步的行动决策。

9.2 未来方向

针对内部威胁存在的诸多挑战，目前存在如下具有研究潜力的研究方向。

（1）基于行为日志的内部威胁检测

企业通常会将所有用户的行为按照行为类别分别记录在不同的日志文件中，每个日志文件都针对所记录的行为定义多个字段，这样内部威胁检测工作面临的就是几个规模庞大的异构日志文件，如何从这些日志文件中提取出既能准确刻画用户行为又能便于使用威胁检测算法的特征是一项值得研究的工作[1]。

内部威胁行为可能是单个危害性极大的恶意行为，也可能是由复杂的上下文组合而成的行为。前者较容易检测出来，比如某恶意用户将公司重要文件上传至文件共享网站；后者由一系列不同种类、不同时段的行为构成，比如某恶意用户前期盗取部门领导的客户端登录密码，后期利用密码伪装成领导群发恶意邮件，这就加大了内部威胁检测的难度。

内部威胁行为一般异于用户的正常行为特征，但是异常的行为不一定就是内部威胁行为，用户的行为会随着时间变化。比如某用户突然加大了可移动设备的使用频率，他可能在频繁窃取公司数据，也可能是新加入了一个项目的工作所需，这时需要结合用户的其他行为和背景数据判断该用户是否为内部威胁用户。正常用户、威胁用户的比例极其不平衡。在真实的企业环境中，内部威胁用户和威胁行为只占正常情况的很小一部分；在Senator等的内部威胁检测实验环境下，威胁用户只占用户比例的0.2%。由于内部威胁行为具有高危害性，我们不想错过任何一例内部威胁，这就往往会导致内部威胁检测结果有较高的误报率。

内部人员威胁会对企业和组织造成重大损失，内部威胁检测对于维护企业信息安全是十分必要的。企业通过持续采集用户的各种行为记录，生成大规模异构日志数据，从这些日志数据里可以挖掘出用户的行为模式以及行为模式的变化，检测到用户异于以往的行为特征，以达到内部威胁检测的目的。内部威胁检测方法尚存在误报率过高的问题，整体的威胁检测性能还有提高的空间和需求。除此以外，检测结果一般只能给出内部威胁用户有异常行为的日期，不能给出判断该用户该天异常的原因，这不利于人工分析师审核结果。因此，研究人员可以考虑将检测结果的可解释性作为未来的研究方向。公开且可用的用户行为日志数据集较少，涉及的内部威胁场景种类不全面，这不利于内部威胁检测方法的研究。未来研究人员可以根据与时俱进的企业用户行为和内部威胁场景，生成更符合现代企业特征的日志数据集。

近年来，机器学习领域的高速发展为研究人员探索许多未经试验的机器学习算法提供了空间，如Brown等将带注意机制的神经语言模型用于系统日志异常检测，取得了很好的效果，研究人员可以尝试将新兴的机器学习技术扩展应用于内部威胁检测。

(2) 基于小样本学习的内部威胁检测

小样本学习(Few-shot Learning)的目的是对只给予少数标记的样本进行分类[2]。小样本学习可以进一步扩展到更严格的设置，One-shot 学习或 Zero-shot 学习，其中只有一个或完全没有标记的样本可用。考虑内部人员的数量非常少，Few-shot 学习非常适合内部威胁检测。

为了解决少数标记样本的问题，小样本学习利用了先验知识。根据如何利用先验知识，现有的小样本学习算法可以分为三大类：基于先验知识的数据挖掘算法，基于模型并利用先验知识进行约束的算法，以及基于先验知识改变假设空间搜索策略的算法。

基于先验知识的算法仅使用有限样本进行内部威胁检测。其局限性是目前的小样本学习假设一个固定的任务分布，一旦遭遇新型的攻击，小样本学习模型可能无法检测到这类攻击。

小样本学习所面临的最主要难题是有监督样本数量过少，而深度学习模型需要足够的数据支撑才能进行更好的训练，然而在许多应用场景中，直接获取大量的有标记数据很困难，一些专业的数据采集和标注则价格十分昂贵。因此，对小样本学习的数据集进行数据增强是一种比较直接且简单的解决方法，已被证明有利于深层体系结构中机器学习模型的培训，数据增强对小数据集特别有效。

大多数早期数据增强方法通过对现有数据应用一组变换来生成新样本，例如可以应用平移、旋转、变形、缩放、颜色空间变换、裁剪等许多变换，这些变换的目标是生成更多样本以创建更大的数据集，防止过度拟合。有学者已经研究了用于少样本学习的更先进的数据增强方法，这些方法包括基于无标签数据的方法、基于数据合成的方法和基于特征增强的方法[3]。

基于数据合成的方法是指为小样本类别合成新的带标签数据以扩充训练数据，常用的算法有生成对抗网络。Mehrotra 等[4]将 GAN 应用到小样本学习中，提出了生成对抗残差成对网络(Generative Adversarial Residual Pairwise Network)来解决单样本学习问题，算法使用基于 GAN 的生成器网络对不可见的数据分布提供有效的正则表示，用残差成对网络作为判别器来度量成对样本的相似性，流程如图 9-1 所示。

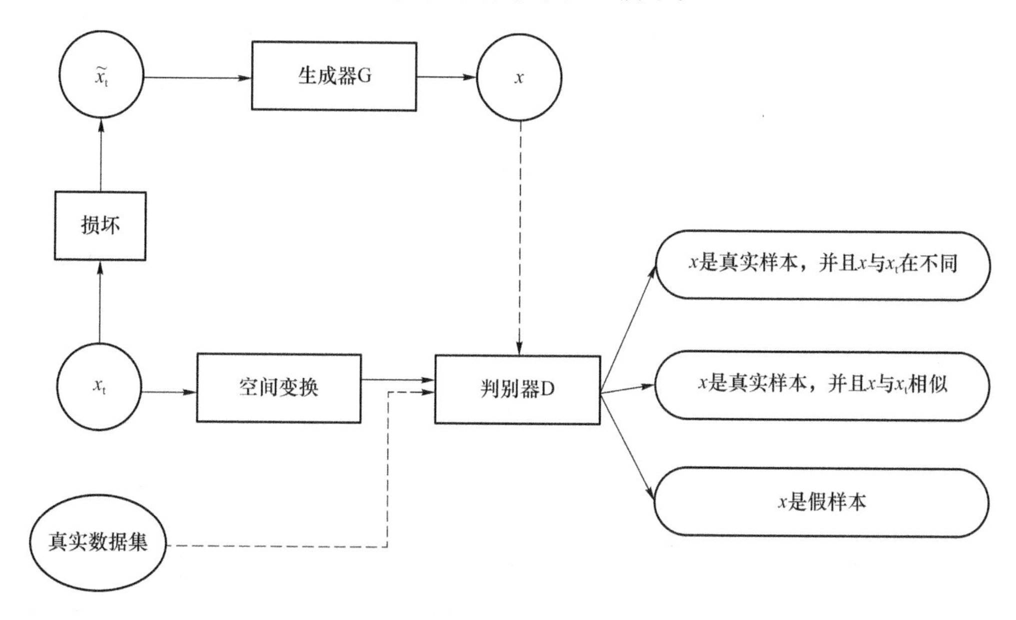

图 9-1 生成对抗残差成对网络示意图

基于数据合成的方法是利用辅助数据来增强样本空间，除此之外，还可通过增强样本特征空间来提高样本的多样性，因为小样本学习的一个关键是如何得到一个泛化性好的特征提取器。

可以使用迁移学习的方法来解决小样本学习问题。迁移学习是指利用旧知识来学习新知识，主要目标是将已经学会的知识很快地迁移到一个新的领域中。例如，一个程序员在掌握了 C 语言的前提下，能够更快地理解和学习 Python 语言。迁移学习主要解决的一个问题是小样本问题。基于模型微调的方法在源数据集和目标数据集分布大致相同时有效，在分布不相似时会导致过拟合问题。迁移学习则解决了这个问题，迁移学习只需要源领域和目标领域存在一定的关联性，使得在源领域和数据中学习到的知识和特征能够帮助在目标领域训练分类模型，从而实现知识在不同领域之间的迁移。一般来说，源领域和目标领域之间的关联性越强,那么迁移学习的效果就会越好。

近年来,迁移学习这个新兴的学习框架受到了越来越多研究人员的关注,很多性能优异的小样本算法模型被提出。在迁移学习中,数据集被划分为三部分:训练集(Training Set)、支持集(Support Set)和查询集(Query Set)。其中,训练集是指源数据集,一般包含大量的标注数据;支持集是指目标领域中的训练样本,包含少量标注数据;查询集是目标领域中的测试样本。

也可以采用度量学习的方法来解决小样本学习问题。度量学习的目标是学习一对样本的相似性度量,相似的样本对可以获得较高的相似分,而不相似的样本对则获得较低的相似分。所有采用度量学习策略的小样本学习方法都遵循这一原则,采用度量学习策略的小样本学习方法主要有两种:一是采用固定的度量,主要有原型网络和匹配网络;二是采用可学习的度量,如关系网络等。

深度学习在大数据集任务上取得的成功依赖于大量的有标注数据以及多次地迭代更新优化其具有的大量参数,这种优化在小样本学习情况下会失效。基于梯度下降的优化算法在小样本问题上失效的原因在于小样本少量参数的更新迭代无法使网络学习到一个泛能力强的特征表示,从而导致在分类器上分类效果很差。

还可以采用参数优化的策略来解决小样本学习问题,其核心思想是通过一个优化器(学习算法)来优化针对特定任务的基础学习器(模型)。如图 9-2 所示,黑色实线部分表示正常的基于梯度下降的学习,这通常需要成百上千次的迭代才能得到最终模型,而参数优化的策略可以加速网络的学习。

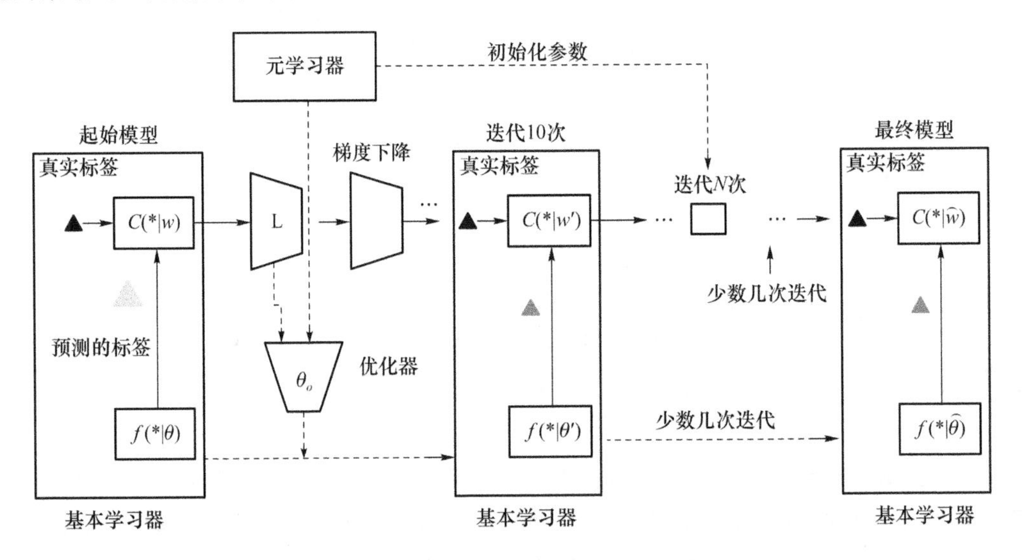

图 9-2　采用参数优化策略的小样本学习方法基本结构[4]

如果将参数优化策略和内部威胁相结合,相信可以为解决小样本的问题找到一个新的思路。

针对现有技术存在的一些不足,作者就其在未来的发展方向上提出一些展望。对于采用数据增强的策略,由于生成的数据与真实样本相比,不具有很强的可解释性,其特征表现能力远远不足,同时生成的数据可能引入无用的特征,对分类效果产生负面影响。

因此在今后的工作中,数据增强更多的应用是作为一个数据的预处理手段,再结合其他的学习方法,如度量学习,可以得到更好的结果;对于采用度量学习的策略,由于采用固定距离度量的度量学习方法目前已经比较成熟,可改进的空间非常有限,而利用深度神经网络学习的度量能够更加适应特定任务。

因此,基于深度神经网络来估计成对样本之间的相似性将成为未来主要的研究方向;对于采用外部记忆的策略,内存中键值对的质量十分重要,同时由于内存大小有限,在更新内存信息时,如何保留内存中最有用的信息将成为此类方法的关键。此外,设计不依赖于具体模型的外部记忆模块,结合其他策略进行学习也是未来研究的一个方向,此方面已开展了一些工作,并取得了不错的效果;对于采用参数优化的策略,通常依赖于元学习的训练策略,通过从一组相关任务中学习的元知识来参数化初始模型或指导学习算法更快地更新参数,达到快速学习的目的,即元学习器充当优化器,如图 9-2 所示。

因此,更好地设计元学习器,使其学习到更多或更有效的元知识,是今后一个重要的研究方向;可以预见,小样本学习研究的推进,可以提供更为强有力的工具,将大大地激励内部威胁研究的进展。

(3) 基于自监督学习的内部威胁检测

自监督学习的目的是在训练模型时,使用从输入数据中派生的标签,而不是使用人为标注的标签。自监督学习在计算机视觉和自然语言方面取得了巨大的成功。一个在自然语言处理领域中的典型的例子是用语言模型建立一个用于预测一个句子中下一个单词的深度学习模型。

用来训练任务的这种深度学习模式被称为“pretext task”。经过训练后,通过使用极少的数据对模型进一步微调,使得模型在实际应用“downstream tasks”(如情绪分析任务)中取得了很好的效果。

自监督学习的方法主要分为基于上下文、基于时序约束、基于对比约束这三种方法。

基于数据本身的上下文信息,我们其实可以构建很多任务,比如在 NLP 领域中最重要的算法 Word2vec。Word2vec 主要利用语句的顺序,例如 CBOW 通过前后的词来预测中间的词,而 Skip-Gram 通过中间的词来预测前后的词。

在某些场景中,不同样本间也有约束关系,比如基于时序约束。最能体现时序约束的就是视频,在视频中,相邻的帧特征是相似的,非相邻的帧的特征通常不相似,利用该思想可以构造 pretext;另外,同一个物体的拍摄可能存在多个视角,对于多个视角中的同一帧,可以认为特征是相似的,不同帧认为是不相似的。NLP 领域的 BERT 的一种训练方式,即下一个句子预测(Next Sentence Prediction)也可以看作基于顺序的结束。

第三类自监督学习的方法是基于对比约束,它通过学习对两个事物的相似性或不相似性进行编码来构建表征,即通过构建正样本(positive)和负样本(negative),然后度量正负样本的距离来实现自监督学习。核心思想样本和正样本之间的相似度远远大于样本和负样本之间的相似度,类似于 triplet 模式。对比约束是目前自监督学习的一个热点,其构建思路化较多样，例如上面提到的基于时序的方法就涉及对比约束[5]。

对比自监督学习作为一种比较突出的处理无标签或少量标签的方法，在图像学习领域得到了广泛的应用并取得了巨大的成功。SimCLR 简化了对比自监督学习算法，不需要专门的架构或者存储库，并证明了数据增强之后的样本在定义有效的预测任务中起着至关重要的作用。CPC 模型通过使用强大的自回归模型预测潜在空间的未来数据来学习这种表征。

自监督学习的成功在于通过预先训练的方式，使得深度学习模型能够学到关于输入数据的显著特征。为了解决检测细微内部威胁的问题，一个潜在的研究方向是设计适当的自我监督任务，以便能够捕捉内部人员和良性用户之间的差异。基于自监督学习的内部威胁检测的优势是它有可能在不使用任何标记信息的情况下识别内部人员。然而自我监督的任务通常需要手工为每个数据集设定规则。

(4) 基于深度标记时序点的内部威胁检测

时序点过程(Temporal Point Process)可以对众多真实场景中产生的数据建模，例如设备故障日志、地震的位置和震级等。这些数据都是多维异步事件数据，它们互相影响并在连续时间域上呈现出复杂的动态规律。

与同步时间序列等间隔采样形成的离散特性不同的是，异步事件的时间戳处于连续时间域。对这些动态过程的研究和对其潜在关联的挖掘为微观层面和宏观层面的事件预测、溯源、因果推断等应用奠定了基础。事实上，“面向异步序列的类人感知及计算”已经列入国务院印发的《新一代人工智能发展规划》中人工智能基础理论发展的重点任务。而中国工程院重大咨询研究项目“中国人工智能 2.0 发展战略研究”中第四章“跨媒体智能”也就“面向异步序列的类人感知及计算”进行了相关论述。

传统统计点过程中的参数化方法拥有明确的强度函数形式，建模前需要人工预先确定相应的强度函数形式。深度点过程是近两三年才兴起的研究方向。相比之下，传统参数化点过程的参数往往对应特定物理意义，其模型的可解释性往往强于深度点过程。

另外，依靠神经网络强大的容量，深度点过程在挖掘隐藏的事件规律从而对未来事件做出预测的性能上往往要强于传统参数化点过程，这一差别在先验知识匮乏、数据分布复杂的情形下更为突出。我们将分别从这两个方向来介绍。由于深度点过程是一个新兴的领域，我们将更详细地介绍其代表性的工作及相应的表示形式。由于之前传统参数化点过程(以及更为复杂的非参数化版本)的相关研究工作经常发表在统计领域，因此我们将其称作统计点过程以区别基于神经网络的深度点过程。

根据活动类型和时间分析用户行为。近年来，人们提出了几种基于深度学习的时序点过程标记模型，通常采用递归神经网络来表征时序点过程中的条件强度函数。因此，利用深度标记时序点过程模型，结合用户活动类型和时间，有可能提高内部威胁检测的性能[6]。

深度标记时序点过程的优点是它可以根据时间捕获用户活动的时间信息。一般来说，通过整合更多的信息，我们可以期待更好的检测结果。然而，传统的时序点过程模型通常通过预先定义的强度函数对时间数据的分布进行假设，而这些假设可能不符合真实的用户活动数据。另外，虽然深度时序点过程模型没有做假设，但由于参数较多，通常需要大量样本进行训练，即无法用于内部威胁检测。将 few-shot 学习思想与深时序点过程相结合是一个值得探索的方向。

（5）基于多模型学习的内部威胁检测

因为相同的活动可能是良性的，也可能是恶意的，除了利用来自日志文件的用户活动数据，利用其他来源的用户活动数据对于提高内部威胁检测的性能也很重要。但是，如何结合用户活动数据和用户配置文件数据以及未被充分利用的用户关系数据值得探索。通过合并多种模式的数据，我们可以从不同角度捕捉用户模式，从而提高检测精度。然而，对于内部威胁检测，获取多模态数据，例如用户的心理数据，出于优先级的考虑，这是一个具有挑战性的问题。

（6）基于深度生存分析的内部威胁早期检测

生存分析是对数据进行建模，这些数据的输出是相关事件发生前的时间。生存分析最早应用于健康数据分析，现在已被应用到许多领域，如预测学生退学时间、web 用户返回时间等。如果考虑一个内部人员执行一个相关事件的恶意活动的时间，可以使用生存分析来预测该事件（执行一个恶意活动）的发生时间。因此，组织可以获得来自内部人员的潜在攻击的早期警报。

生存分析的目标是估计特定事件发生的时间，这可以看作一个回归问题。它也可以看作预测事件在整个时间轴上发生的概率。具体来说，在给定观测对象信息的情况下，生存分析会预测每一次事件发生的概率。

目前，生存分析已广泛应用于现实生活，例如医学研究中的临床分析，以疾病为事件，预测患者生存时间；信息系统中的客户生命周期估计，估计用户下次访问的时间；博弈论领域的市场建模，预测整个推荐空间的事件概率。有于生存分析在现实生活中的重要应用，近几十年来，学术界和工业界的研究人员都投入了大量的精力来研究生存分析。许多生存分析的著作都是从传统统计方法的角度出发的。其中，有学者基于非参数计数统计，在不同观测对象可能共享相同预测结果的粗粒度水平上预测生存率，这在最近的个性化应用中并不适用。

深度神经网络被广泛应用于生存分析，但是两者结合的过程中存在许多严重的问题，许多研究利用深度神经网络作为增强的特征提取方法，但随着相关研究的推进，深度神经网络在生存分析上的不足逐渐被弥补，在内部威胁方面，深度生存分析模型有很大的潜力来捕捉用户活动时间信息，从而实现内部威胁的早期检测[7]。

应用深度生存分析模型的挑战在于，它通常需要大量的事件数据进行训练，但是很难收集到大量的事件样本。

（7）基于深度贝叶斯非参数模型的细粒度内部威胁检测

为了实现细粒度的内部威胁检测，一个潜在的解决方案是将审计数据中的某个用户的活动视为活动流，并在该流上应用聚类算法来识别潜在的恶意活动集群。贝叶斯非参数模型，如狄利克雷过程，常用于数据聚类，并能产生无界聚类。这些模型的无限特性适用于为复杂的用户行为建模。

近年来，有学者提出了几种贝叶斯非参数深度生成模型，将深度结构与贝叶斯非参数相结合，有效地利用贝叶斯方法学习基于神经网络的丰富表示。利用深度贝叶斯非参数模型有可能实现细粒度的内部威胁检测。

深度贝叶斯非参数模型的优点是模型的大小可以随着数据的增长而增长。由于用户活动可以被建模为一个流，所以使用深度贝叶斯非参数模型是比较合适的。然而，应用深度贝叶斯非参数模型的挑战在于，设计一个具有合理时间复杂度的高效公式并非易事。

(8) 基于深度强化学习的内部威胁检测

深度强化学习是近年来人工智能领域最受关注的方向之一，它将深度学习的感知能力和强化学习的决策能力相结合，直接通过高维感知输入的学习来控制代理的行为，为解决复杂系统的感知决策问题提供了思路。

深度强化学习的优势在于，该策略通过奖励信号不断提高其性能。在内部威胁检测任务中，可以将内部检测器视为深度强化学习框架中的代理。通过合理设计的奖励功能，内部探测器能够不断提高能力以识别内部攻击，包括自适应攻击。将深度强化学习应用于内部威胁检测的一个挑战是，由于恶意攻击的复杂性，有时很难设计出一个好的激励函数。在这种情况下，可以进一步考虑基于内部人员行为自动识别奖励函数的逆强化学习框架。另一个挑战是深度强化学习通常需要大量的训练数据，而这些数据在内部检测任务中是无法使用的。为了应对这一挑战，元学习(Meta-learning)或者模仿学习(Imitation Learning)等其他机器学习范式可以在实践中进一步与深度强化学习相结合。总体而言，尽管面临诸多挑战，但作为一个强大的框架，深度强化学习有机会在内部威胁检测方面取得突破。

(9) 内部威胁检测的可解释深度学习

不像某些在线异常检测任务，如社交媒体上的 bot 检测，对真实的人类没有影响，内部威胁检测则是为了识别恶意的个人，这是一个高风险的决策。因此，在内部威胁检测模型能够获得良好性能的情况下，具有适当的可解释性是至关重要的。

如何制作可理解的预测结果是建立可靠的内部威胁检测模型的关键。有研究人员利用注意机制来检测可解释日志异常，同时，在文献中提出了几种可解释序列学习模型。然而，现有的研究大多集中在有监督的训练任务上，而对于内部威胁检测来说，训练一个有监督的模型通常是不可行的。开发可解释的深度学习模型的优点是，这种模型有可能实现细粒度恶意活动检测。例如，如果我们将一天中的用户活动序列视为一个数据点，序列中的每个活动都作为一个特性，反事实解释模型通过改变一些特征来找到类似的数据点，而这些特征的预测结果会以相关的方式发生变化，从而有能力从内部活动序列中识别恶意活动。

随着大型数据集的兴起，提取真实世界复杂的相关性和非线性也显得愈发困难，于是科学和工业应用中便开始采用深度神经网络等机器学习技术，并取得了相当的成功。但大型数据集的不同变量之间往往存在着虚假相关性，会对模型相关输入变量的挑选产生阻碍。特征选择技术虽然可以通过筛选“好”的输入特征来解决上述问题，但却很难反映输入特征与输出结果之间的关系。为了使机器学习模型能够更好地泛化,需要确保输入数据中有意义的模式可以支持模型的决策,前提条件是模型能够自我解释[8]。

因此,可解释的机器学习被提出。这使研究人员可以从全新的角度入手,通过查看训练后的神经网络对哪些输入进行了学习,并基于该说明性反馈,移除"坏"的特征,再重新对模型进行训练,从而得到更为精确的模型,采用对逐层相关性传播(Layer-Wise Relevance Propagation,LRP)对于解决这一问题有很大作用。而且LRP作为基于反向传播的模型可解释方法,具有实现简单、计算效率高和能够充分利用模型本身的结构特性等优点。

(10) 基于长短时序记忆网络的内部威胁检测方法

多变量时间序列数据的内部威胁检测是一项具有挑战性的任务,现有的研究通常根据过去的经验构造特定领域的正则表达式,通过模式匹配发现内部威胁。随着数据量的增加和内部威胁检测的实时性需求不断提高,这种做法变得逐渐不再适用[9]。

深度学习领域的进展为提取丰富的层次特征提供了基础,这些特征可以极大地提高时间序列数据的离群点检测能力。

理论上循环神经网络可以学习到当前信息任意范围内的知识,当需要学习的信息距离当前预测点已经十分遥远时,普通的RNN网络已经无法学习到其相关信息了,原因在于梯度消失和梯度爆炸问题。长短时序记忆网络由Hochreiter和Schmidhuber在1997年提出,它是一种循环神经网络的变体,可以有效地解决普通循环神经网络中的梯度消失和梯度爆炸问题。

大多数现有方法将用户的异常数据视为离散的单一数据点,当异常行为单独发生时,内部威胁检测模型无法通过学习历史数据来检测当前数据。基于用户行为的模型需要建立用户长期行为特征,尤其在网络安全领域,一些异常行为通常会发生很长一段时间。因此,借助LSTM来解决这个问题是一个不错的方向。

(11) 针对内部威胁的态势感知技术

关于内部威胁的研究目前都在围绕着对内部人员的威胁检测这一点,但是恶意活动随时可以发生,这意味着恶意活动已经发生,并且已经给客户造成重大损失。因此,一个新兴的问题是如何实现内部威胁的早期发现,即提前发现潜在威胁恶意活动。虽然有研究人员提出采用访问控制的策略来预防内部威胁或阻止一部分行为,但是安全人员无法宏观地把握整个内部网络的安全状态,从而无法为高层管理人员提供决策支持,因此将内部威胁纳入态势感知系统变得尤为重要。

网络安全态势感知包括网络安全态势觉察、网络安全态势理解和网络安全态势投射这三个层面,是一个完整的认知过程。它不仅是将网络中的安全要素进行简单的汇总和叠加,而是根据不同的用户需求,以一系列具有理论支撑的模型为基础,找出这些安全要素之间的内在关系,实时地分析网络的安全状况。典型的态势感知模型[10]如图9-3所示。态势感知的技术主要分为基于层次化分析、机器学习、免疫系统和博弈论的态势感知方法[11],如表9-1所示。

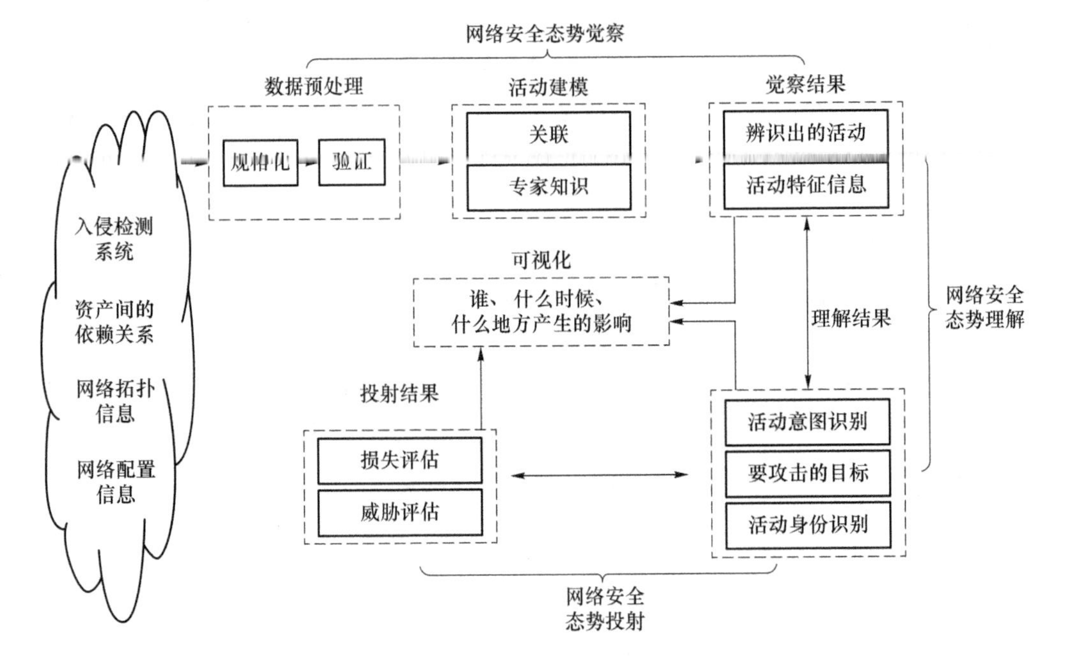

图 9-3 网络安全态势感知模型[10]

表 9-1 网络安全态势感知的关键技术研究[11]

关键技术	技术特点	主要工作
层次化分析	分层处理、自下而上；先局部后整体	层次化安全威胁态势量化评估模型及其改进
机器学习	较好的自适应、自组织、无限逼近和预测的能力；描述非线性复杂系统的性能	SVM、RBF 神经网络和小波神经网络以及使用回归、粒子群算法、遗传算法等对其的改进
免疫系统	具有自我容忍、自适应和稳健等优点以及模式识别、学习和记忆能力	传统的基于免疫、抗体浓度的方法；协同人工免疫以及与云模型理论的结合
博弈论	考虑网络安全中攻防双方的对抗性，推测对方可能的策略并在此基础上制定自己的对策	马尔可夫博弈；攻防随机博弈模型

本章较为系统地探讨了内部威胁存在的许多挑战，针对这些挑战，将现有的许多研究者提出的解决方案进行了归纳与总结，并提出了对未来发展的展望。

总的来说，内部威胁领域尚在发展阶段，存在广阔的发展空间，这之中机会与挑战并存，相信随着相关技术和研究的不断进步，内部威胁领域一定会得到更大的发展，为网络空间安全带来强有力的保障。

参考文献

[1] 张有，王开云，张春瑞，等. 基于用户行为日志的内部威胁检测综述[J]. 计算机时代，2020(9)：45-49.

[2] WANG Y，YAO Q，KWOK J T，et al. Generalizing from a few examples：A survey

on few-shot learning[J]. ACM computing surveys (csur), 2020, 53(3): 1-34.

[3] 祝钧桃，姚光乐，张葛祥，等. 深度神经网络的小样本学习综述[J]. 计算机工程与应用，2021，57(7)：22-33.

[4] MEHROTRA A, DUKKIPATI A. Generative adversarial residual pairwise networks for one shot learning[J]. arXiv preprint arXiv:1703.08033, 2017.

[5] FEHRATBEGOVIC A. Power System Modeling Using Common Information Model and Object Oriented Approach [C]//2018 26th Telecommunications Forum (TELFOR). IEEE, 2018: 1-4.

[6] 杭婷婷,冯钧,陆佳民.知识图谱构建技术:分类、调查和未来方向[J].计算机科学,2021,48(2):175-189.

[7] WANG P, LI Y, REDDY C K. Machine learning for survival analysis: A survey [J]. ACM Computing Surveys (CSUR), 2019, 51(6): 1-36.

[8] MOLNAR C. Interpretable machine learning[M]. Lulu. com, 2020.

[9] 黄娜,何泾沙,吴亚飚,等.基于 LSTM 回归模型的内部威胁检测方法[J].信息网络安全,2020,20 (9):17-21.

[10] 龚俭,臧小东,苏琪,等.网络安全态势感知综述[J].软件学报,2017,28(4):1010-1026.

[11] 石乐义,刘佳,刘祎豪,等.网络安全态势感知研究综述[J].计算机工程与应用,2019,55(24):1-9.